高等院校规划教材

信息系统工程项目管理

习 题 集

符长青 编著

机 械 工 业 出 版 社

本书是与主教材《信息系统工程项目管理》一书配套的习题汇总，共列出了1197道选择题和129道问答题，可供读者学习时用做练习题。练习题的排列次序与主教材的章节一致，针对每一章的内容首先介绍了该章的复习重点，然后是选择题及其参考答案，最后列出问答题。

本书既可作为高等院校相关专业学生的练习题，又可作为相关专业研究生、政府公务员和从事信息化建设的工作人员的练习题。

图书在版编目(CIP)数据

信息系统工程项目管理习题集/符长青编著. —北京：机械工业出版社，2011.7

高等院校规划教材

ISBN 978-7-111-35211-2

Ⅰ.①信… Ⅱ.①符… Ⅲ.①信息系统－系统工程－项目管理－高等学校－习题集 Ⅳ.①C931.6-44

中国版本图书馆CIP数据核字(2011)第149335号

机械工业出版社(北京市百万庄大街22号 邮政编码100037)

策划编辑：宋 华 责任编辑：宋 华 范成欣 责任校对：薛 娜

封面设计：路恩中 责任印制：李 妍

唐山丰电印务有限公司印刷

2011年9月第1版第1次印刷

184mm×260mm ·10.5印张· 插页·266千字

0001-3000册

标准书号：ISBN 978-7-111-35211-2

定价：20.00元

前　言

为了提高全社会对推进信息化的重要性、紧迫性的认识，满足信息系统工程建设及培养信息时代高级人才、创新型人才和复合型人才的需要，编者综合多年的学习与工作实践编写了《信息系统工程项目管理》一书。本书是与《信息系统工程项目管理》一书配套的练习题汇总，共列出 1197 道选择题和 129 道问答题，可供读者用做练习题。

本书编者 40 多年来一直工作在信息化建设的第一线(其中有 8 年在海外从事软件开发)，最近 5 年在广东科技学院讲授信息系统工程项目管理。本习题集经过了几年的教学实践应用，证明对于从事《信息系统工程项目管理》课程教学的老师和信息管理专业的学生，以及其他专业的对项目管理感兴趣的读者都有较大的帮助。

在本书的编写过程中，得到了深圳大学计算机与软件学院副院长明仲教授的大力支持和帮助，在此表示衷心感谢。深圳大学计算机与软件学院蔡树彬、白鉴聪，以及深圳市伽蓝信息技术有限公司的符晓兰、柴巧霞、李志明、兰大英、陈金雄等同志承担了本书各章节习题和文字的审校工作。本书的编写还得到了广东科技学院副院长梁瑞雄、黄弢，院长助理周二勇教授；华南农业大学珠江学院院长曾家驹教授、信息工程系主任范玉璋教授；深圳大学信息工程学院院长李霞教授、雍正正教授；深圳信息职业技术学院院长张基宏教授、软件工程系主任梁永生教授和副主任张宗平教授、计算机应用系主任耿壮教授；深圳职业技术学院副校长温希东教授，机电工程学院院长冯小军教授、郭树军副教授，电子信息工程学院院长马晓明教授，以及有关部门的领导、专家与同仁的大力支持与帮助，在此表示深深的谢意。

由于编者知识所限，书中不足之处在所难免，敬请广大读者和专家批评指正。

编　者

目　录

第1章 项目管理和信息系统工程概述

复习重点

项目管理的产生和发展是工程和工程管理实践的结果。它经历了从潜意识到传统项目管理，再到现代项目管理的过程。国际上存在两大项目管理研究体系：国际项目管理协会(IPMA)和美国项目管理协会(PMI)。项目管理在世界发达国家和地区已经成为一种职业。信息系统工程也称为信息工程，是指信息化建设中的新建、升级、改造工程。它属于建设工程中的一种。在林林总总的建设工程项目中，主体核心技术属于信息技术范畴的新建、升级、改造工程都是信息系统工程。信息系统工程及其实施过程与一般建设工程相比有许多不同的特点。

项目从开始到结束是渐进地发展和演变的。不同的项目可以划分为内容和个数不同的若干个阶段，这些不同的阶段衔接起来便构成了项目的生命期。项目利益相关者包括项目参与人和其利益受该项目影响的个人与组织。项目管理是指组织运用系统的观点、理论和方法，对项目进行的计划、组织、指挥、协调和控制等专业化活动。由于现代项目管理以顾客为关注焦点，因此现代项目管理必须以实现项目利益相关者的要求和期望为目标。知识领域是指项目管理人员必须具备的一些重要的知识和能力。它由四大核心知识领域(范围管理、进度管理、成本管理和质量管理)，四大项目管理辅助知识领域(资源管理、沟通管理、风险管理和采购管理)，以及项目整体管理等九个方面的知识和能力组成。除此以外，信息系统工程项目还包括项目合同管理、信息管理、职业健康安全管理、环境管理、知识产权保护管理、信息系统安全管理和项目收尾管理七个方面的信息系统工程专业知识。

根据我国有关法律法规的规定，信息系统工程项目建设实行的是一个体系、两个层次、三个主体的管理体制。一个体系是指在信息系统工程项目建设的组织和法规上形成一个完整统一的系统。两个层次是指工程建设的宏观层次和微观层次。宏观层次指政府监管，微观层次指社会监理，两者相辅相成，缺一不可，共同构成了我国信息系统工程项目管理的完整体制。三个主体是指信息系统工程项目管理活动涉及的发包人、承包人和监理单位，这三者即是信息系统工程项目实施的主体。发包人和承包人是合同关系；监理单位和承包人没有合同关系，而是监理、被监理的关系，这种关系由发包人与承包人所签订的合同所决定；发包人和监理单位之间是委托合同关系。

一、选择题

1. 项目作为国民经济及企业发展的(　　)，一直在人类的经济发展中扮演着至关重要的角色。自人类社会文明起源以来，人们就一直在计划和管理着各类项目。

   (A) 系统工程　　(B) 前端产品　　(C) 基本元素　　(D) 主要产品

   答案：(　　)

2. (　　)的项目和项目管理的概念主要起源于建筑行业，这是由于在传统的实践中，建筑项目相对其他项目来说，组织实施过程表现得更为复杂。

(A) 传统　(B) 初级　(C) 原始　(D) 现代

答案：(　　)

3. (　　)项目管理的真正由来和发展，可以说是大型国防工业发展所带来的必然结果。

(A) 传统　(B) 初级　(C) 原始　(D) 现代

答案：(　　)

4. 现代项目管理起源于20世纪30~50年代初，主要应用于军事和航天项目，比较典型的是第二次世界大战美国研制原子弹的(　　)计划。

(A) 阿波罗　(B) 曼哈顿　(C) 军事战略　(D) 核武器开发

答案：(　　)

5. 1957年，美国杜邦公司将关键线路法(CPM)应用于设备维修，使维修停工时间由(　　)缩短为7小时。

(A) 125小时　(B) 100小时　(C) 80小时　(D) 60小时

答案：(　　)

6. 20世纪60年代，美国实施举世瞩目的(　　)登月计划。该项目耗资300亿美元，有2万多个企业参加，40万人参与，700万个零部件组成，由于使用了网络计划技术，取得了巨大成功。

(A) 阿波罗　(B) 曼哈顿　(C) 星球大战　(D) 太空开发

答案：(　　)

7. 我国华罗庚教授于1965年引进了网络计划技术，亲自主持推广工作，并根据“统筹兼顾、全面安排”的指导思想，将这种方法称之为(　　)。

(A) 项目管理　(B) 全局法　(C) 数理统计法　(D) 统筹法

答案：(　　)

8. 20世纪60年代，项目管理主要应用在(　　)、国防、建筑和建设项目中。

(A) 航海　(B) 航天　(C) 电力　(D) 旅游

答案：(　　)

9. 从(　　)以来，项目管理的应用领域已扩展到电子、制造、信息系统工程、信息系统、软件开发、制药行业、医疗护理、金融服务、教育培训、交通运输，以及政府机关和国际组织，已经成为许多企业和组织机构运作的中心模式，在各行各业发挥着重要作用。

(A) 20世纪70年代　(B) 20世纪80年代　(C) 20世纪90年代　(D) 21世纪

答案：(　　)

10. 如今，项目管理已经发展成为一门学科，成为(　　)的一个重要分支。

(A) 现代管理学　(B) 系统科学　(C) 行为科学　(D) 计算机科学

答案：(　　)

11. 从组织机构上来讲，国际上存在两大项目管理研究体系：国际项目管理协会(　　)和美国项目管理协会(PMI)。

(A) PMP　(B) PMI　(C) IPMP　(D) IPMA

答案：(　　)

12. 从组织机构上来讲，国际上存在两大项目管理研究体系：国际项目管理协会(IPMA)

和美国项目管理协会(　　)。

(A) PMP　(B) PMI　(C) IPMP　(D) IPMA

答案:(　　)

13. (　　)是以欧洲为首的体系，于 1965 年在瑞士注册。它是一个非营利性组织，其成员主要是代表各个国家的项目管理研究组织。它非常重视专业人员的资格认证工作。

(A) IPMA　(B) IPMP　(C) PMI　(D) PMP

答案:(　　)

14. IPMA 项目管理专业人员分为 A、B、C、D 四个级别。其中，A 级为(　　)、B 级为项目经理级、C 级为项目管理工程师级、D 级为项目管理技术员级。

(A) 技术总监　(B) 高级工程师　(C) 工程主任　(D) 教授

答案:(　　)

15. 国际项目管理协会(IPMA)编制了自己的项目管理知识体系认证标准，即《国际项目管理专业资质标准》，简称(　　)。

(A) PMBOK　(B) ICB　(C) PMI　(D) PMP

答案:(　　)

16. 美国项目管理协会(PMI)是以美国为首的体系，成立于(　　)。它是目前全球最大的由研究人员、学者、咨询和管理人员组成的项目管理专业组织。

(A) 1959 年　(B) 1960 年　(C) 1965 年　(D) 1969 年

答案:(　　)

17. PMI 资格认证制度从 1984 年开始，通过认证的人员称为项目管理专业人员，简称(　　)。PMI 项目管理专业人员认证与 IPMA 资格认证的侧重点不同，其更注重知识的考核。

(A) PMBOK　(B) ICB　(C) IPMA　(D) PMP

答案:(　　)

18. 美国项目管理协会(PMI)也开发了一套项目管理知识体系，简称(　　)。该知识体系把项目管理划分为九个知识领域。

(A) PMBOK　(B) ICB　(C) IPMA　(D) PMP

答案:(　　)

19. 通常我们所说的“项目”一词是指为完成某一独特的产品或服务需要组织来实施完成的(　　)工作。

(A) 日常管理　(B) 经营管理　(C) 一次性　(D) 多次性

答案:(　　)

20. 项目是一次性的，每个项目都有它的生命期，有明确的(　　)。项目没有可以完全照搬的先例，也不会有完全相同的复制。

(A) 日常管理体制　(B) 开始和结束时间　(C) 工期　(D) 方向性要求

答案:(　　)

21. 项目要求达到的目标可以分为两类，即必须满足的规定要求和附加获取的(　　)要求。

(A) 质量　(B) 进度　(C) 成本　(D) 期望

答案:(　　)

22. 每一个项目都是唯一的，产品或服务的显著特征必定是逐步形成的。项目的开发是(　　)的，不可能从其他模式一下子复制过来。

(A) 复杂　(B) 曲折　(C) 渐进　(D) 多变

答案：(　　)

23. 项目中的一切活动都是相互联系的，构成一个(　　)。不能有多余的活动，也不能缺少某些活动，否则必将损害项目目标的实现。

(A) 整体　(B) 曲面　(C) 局部　(D) 供应链

答案：(　　)

24. 项目不能像其他的事情那样做坏了可以重来，也不可以试着做，项目结果具有(　　)。

(A) 必然性　(B) 不可逆转性　(C) 偶然性　(D) 随机性

答案：(　　)

25. 项目管理学中所定义的项目是指具有一定规模的、需要使用(　　)的项目，不包含那些过于简单、一个人就能完成的事情。

(A) 团队精神　(B) 机械化设备　(C) 数据共享　(D) 多种资源

答案：(　　)

26. 信息是指向人或机器提供关于现实世界的各种知识，是数据、消息中所包含的(　　)。它不随载体物理形式的改变而改变。

(A) 标识　(B) 实践　(C) 意义　(D) 形态

答案：(　　)

27. 信息一般表现为四种形态：数据、文本、(　　)、图像。

(A) 标识　(B) 声音　(C) 空间　(D) 时间

答案：(　　)

28. 信息系统是指具有对数据进行(　　)、传输、存储、管理、处理、控制和再现功能，且可以回答用户一系列问题的系统。

(A) 采集　(B) 分析　(C) 传递　(D) 理解

答案：(　　)

29. (　　)是指信息的产生、获取、处理、存储、传输及其应用的技术。它是利用科学的原理、方法及先进的工具和手段，有效地开发和利用信息资源的技术体系。

(A) 网络技术　(B) 项目管理　(C) 机电技术　(D) 信息技术

答案：(　　)

30. (　　)是指充分利用信息技术，开发利用信息资源，促进信息交流和知识共享，提高经济增长速度，推动经济社会发展转型的历史进程。

(A) 网络技术　(B) 项目管理　(C) 信息化　(D) 信息技术

答案：(　　)

31. 信息化内容主要包含六个要素：信息资源、信息基础设施、信息应用系统、信息人力资源、信息技术和信息产业、(　　)。

(A) 网络技术　(B) 适合信息化发展的宏观环境

(C) 微电子技术　(D) 通信技术

答案：(　　)

32. 信息社会是指在社会的政治、经济、生活等各方面大规模地生产和利用(　　)，以知识经济为主导的社会。

(A) 网络技术　(B) 互联网　(C) 微电子技术　(D) 信息与知识

答案：(　　)

33. 工程是将理论和知识应用于实践的科学。工程项目一般是指比较大型的工程建设项目，以下不属于工程项目范畴的是(　　)。

(A) 希望工程　(B) 网络工程　(C) 智能建筑工程　(D) 建设工程

答案：(　　)

34. (　　)是指为完成依法立项的新建、改建、扩建的各类工程(信息系统工程、土木工程、水利工程、桥梁工程及安装工程等)而进行的、有起止日期的、达到规定要求的一组相互关联的受控活动组成的特定过程，包括策划、勘察、设计、采购、实施、试运行、竣工验收和移交等。

(A) 希望工程　(B) 网络工程　(C) 智能建筑工程　(D) 建设工程

答案：(　　)

35. (　　)是指信息化建设中的新建、升级、改造工程。它属于建设工程中的一种。在林林总总的建设工程项目中，主体核心技术属于信息技术范畴的工程都是(　　)。

(A) 希望工程　(B) 土木工程

(C) 信息系统工程　(D) 绿色建筑工程

答案：(　　)

36. 信息技术应用不断地向其他各个领域推广、渗透和融合，你中有我、我中有你的局面形成了(　　)与其他工程在内容上存在交叉问题。

(A) 高速公路工程　(B) 信息系统工程　(C) 土木工程　(D) 桥梁工程

答案：(　　)

37. 信息系统工程的特点包括专业性强，软件是基础，(　　)，产品更新换代快，开放系统原则，安全可靠性要求高，前期基础性工作多，服务水准要求高等。

(A) 软件危机、风险大　(B) 虚拟性好

(C) 结实耐用　(D) 稳定可靠

答案：(　　)

38. 信息系统工程属于信息技术的范畴，其技术含量高、专业性强、涉及面广、技术跨度大、(　　)。

(A) 检测容易　(B) 需求明确　(C) 沟通简单　(D) 知识更新快

答案：(　　)

39. 由于项目是作为系统的一部分加以运作的，并具有一定的不确定性，所以有必要将项目分为若干个阶段。(　　)指的就是这样一系列项目阶段的集合。

(A) 项目工期　(B) 用户需求调研　(C) 项目生命期　(D) 技术咨询期

答案：(　　)

40. 项目生命期一般可以依次归纳为四个阶段，分别为启动阶段、规划阶段、(　　)和收尾阶段。这四个阶段按照一定的顺序排列，并构成了项目的实施过程。

(A) 用户需求调研阶段　(B) 实施阶段

(C) 计划阶段　(D) 方案设计阶段

答案：(　　)

41. 为了更好地完成项目实施过程中每个阶段的各项目工作和活动，需要开展一系列有关项目计划、决策、组织、沟通、协调和控制等方面的管理活动，这一系列管理活动便构成了项目(　　)。

(A) 体系结构　(B) 实施过程　(C) 生命期　(D) 管理过程

答案：(　　)

42. 项目管理过程一般由五个过程组成，即启动过程、计划过程、执行过程、(　　)和结束过程。

(A) 控制过程　(B) 实施过程　(C) 生命期　(D) 管理过程

答案：(　　)

43. 项目生命期是一次性的过程，项目管理过程则不然，项目管理的五个过程贯穿于项目生命期中的(　　)，并按一定的顺序进行，其工作强度也有所变化。

(A) 自始至终　(B) 全过程　(C) 每一个阶段　(D) 开始和结束

答案：(　　)

44. (　　)是指项目中的重大事件，通常指一个主要可交付成果的完成。它是项目进程中的一些重要标记，是在计划阶段应该重点考虑的关键点。它既不占用时间也不消耗资源。

(A) 可交付成果　(B) 里程碑　(C) 阶段性规划　(D) 计划调整

答案：(　　)

45. (　　)是指某种有形的，可以核实的工作成果或事项。

(A) 可交付成果　(B) 里程碑　(C) 阶段性规划　(D) 计划调整

答案：(　　)

46. 每个项目阶段都以一个或一个以上的工作成果的完成为(　　)，这种工作成果是有形的，可核实鉴定的。如一份可行性研究报告、一份详尽的设计图。

(A) 结束　(B) 计划起点　(C) 规划目标　(D) 标志

答案：(　　)

47. 审查可交付的工作成果是项目阶段结束的标志，通常是对关键的工作成果和项目实施情况的核实。进行这样的核实的主要目的是确定项目是否可以(　　)。

(A) 结束　(B) 进行计划调整

(C) 开始进入下一个阶段　(D) 变更

答案：(　　)

48. 认真完成各阶段的可交付成果很重要。一方面，为了确保(　　)的正确、完整，避免返工；另一方面，由于项目人员经常流动，前阶段的参与者离去时，后阶段的参与者可以顺利地衔接。

(A) 前阶段计划　(B) 前阶段成果　(C) 后阶段计划　(D) 后阶段成果

答案：(　　)

49. 当风险不大、较有把握时，前后阶段可以相互搭接以加快项目进展。这种经过精心安排的项目互相搭接的做法常常叫做(　　)。

(A) 快速跟进　(B) 里程碑　(C) 计划跟进　(D) 项目变更

答案：(　　)

50. 项目生命期的主要特点包括两个方面，即不同的项目阶段(　　)不同，不同的项目阶段面临的风险程度不同。

(A) 决策　　(B) 用户需求

(C) 计划　　(D) 资源的投入强度

答案：(　　)

51. 项目(　　)是指项目的参与各方，即项目当事人。他们往往是通过合同和协议联系在一起的，共同参与项目的开发建设工作。

(A) 利益相关者　(B) 用户群　(C) 参与人　(D) 投资人

答案：(　　)

52. 项目(　　)包括项目参与人和其利益受该项目影响的个人与组织。

(A) 利益相关者　(B) 用户群　(C) 当事人　(D) 投资人

答案：(　　)

53. 项目不同的利益相关者对项目有不同的期望和需求，他们关注的问题常常(　　)。

(A) 相差无几　(B) 相差甚远　(C) 模糊不清　(D) 简单明了

答案：(　　)

54. 项目管理是指组织运用系统的观点、理论和方法，对项目进行的计划、组织、指挥、协调和控制等专业化活动。简单地说，项目管理是指在一定的(　　)下完成一定目标的一次性任务。

(A) 规划设计方案　(B) 计划安排　(C) 工艺设计构思　(D) 资源约束

答案：(　　)

55. 项目管理不仅仅强调使用专门的知识和技能，还强调项目管理中(　　)的重要性。

(A) 规划设计方案　(B) 计划安排　(C) 各参与人　(D) 资源约束

答案：(　　)

56. 组织是指人们为了达到一项(　　)而建立的机构，内容包括对组织机构中的全体成员分配职位、明确职责、交流信息、协调工作等。

(A) 规划目标　(B) 共同目标　(C) 计划安排　(D) 环保措施

答案：(　　)

57. 信息系统工程组织机构作为项目(　　)，担负着制订计划、人员安排、工程实施、沟通信息、协调矛盾、统一步调、组织运转的重任，是项目实施的有效保证。

(A) 组织实施的核心　　(B) 参与人

(C) 计划执行者　　(D) 规划设计单位

答案：(　　)

58. 现代组织理论的研究表明，组织是除了劳动力、劳动资料、(　　)之外的第四大生产力要素。三大生产力要素之间可以相互替代，而组织是不能替代的，组织可以使其他生产力要素合理配置。

(A) 创新能力　(B) 参与人　(C) 规划决策　(D) 劳动对象

答案：(　　)

59. 系统观念是指一种全面地、系统地思考事物的思维模式。尽管项目是一次性的，旨在产生独特的产品或服务，但组织并不能(　　)项目，项目必须在一个广泛的组织环境中运行。

(A) 虚构一个　(B) 联合参与一个　(C) 孤立地运行　(D) 强行介入

答案：(　　)

60. 如果组织孤立地运行项目，项目就不可能真正地服务于该组织的需求。因此，项目经理需要对项目有一个(　　)的考虑，并且认清项目在更大的组织环境中所处的位置。
(A) 虚拟逻辑　(B) 全面系统　(C) 周密计划　(D) 现实
答案：(　　)

61. 项目管理知识领域是指人们必须具备的一些重要的知识和能力。它由(　　)、进度管理、成本管理、质量管理、资源管理、沟通管理、风险管理、采购管理、整体管理九个方面的知识和能力组成。
(A) 范围管理　(B) 收尾管理　(C) 计划管理　(D) 知识管理
答案：(　　)

62. 对于信息系统工程项目，知识领域还包括合同管理、信息管理、职业健康安全管理、环境管理、知识产权保护管理、信息系统安全管理和(　　)七个方面的信息系统工程专业知识。
(A) 范围管理　(B) 收尾管理　(C) 计划管理　(D) 知识管理
答案：(　　)

63. 根据我国有关法律法规的规定，信息系统工程项目建设实行的是一个体系、两个层次、(　　)的管理体制。
(A) 三个范围　(B) 三项决策　(C) 三重计划　(D) 三个主体
答案：(　　)

64. 信息系统工程项目建设管理体制中的一个体系是指在信息系统工程项目建设的组织和法规上形成一个(　　)的系统。
(A) 自下而上　(B) 自上而下　(C) 完整统一　(D) 三级管理
答案：(　　)

65. 信息系统工程项目建设管理体制中的两个层次是指工程建设的(　　)层次，即政府监管和社会监理。这两者相辅相成，缺一不可，共同构成了我国信息系统工程项目管理的完整体制。
(A) 宏观和微观　(B) 全局和局部　(C) 上级和下级　(D) 虚拟和现实
答案：(　　)

66. 信息系统工程项目建设管理体制中的三个主体是指工程建设的(　　)，这三者即是信息系统工程项目实施的主体。
(A) 发包人、承包人和供应商　(B) 发包人、承包人和分包单位
(C) 发包人、承包人和设计单位　(D) 发包人、承包人和监理单位
答案：(　　)

67. 发包人和承包人是合同关系；监理单位和承包人没有合同关系，而是监理、被监理的关系，这种关系由发包人与承包人所签订的合同所决定；发包人和监理单位之间是(　　)关系。
(A) 宏观和微观　(B) 委托合同　(C) 上级和下级　(D) 虚拟和现实
答案：(　　)

68. 发包人与承包人之间是工程发包与承包关系，是一种(　　)关系。按双方工程承包合同的规定，由承包人按合同约定来完成工程。

(A) 经济法律　(B) 宏观和微观　(C) 上级和下级　(D) 虚拟和现实

答案：(　　)

69. 发包人与监理单位之间是委托与被委托关系，是一种(　　)关系。通过合同来确定双方的权利和义务，把确保工程项目质量、进度和提高项目的效益作为共同的目标。

(A) 上级和下级　(B) 宏观和微观　(C) 经济法律　(D) 虚拟和现实

答案：(　　)

70. 监理单位与承包人之间没有签订合同，是(　　)关系。虽然没有经济法律关系，但两者的关系是相互平等的主体。监理工程师按照发包人所委托的权限对承包人执行监理职责。

(A) 上级和下级　(B) 宏观和微观

(C) 咨询顾问　(D) 监理与被监理

答案：(　　)

参考答案：

1. C	2. A	3. D	4. B	5. A	6. A	7. D	8. B	9. C	10. A
11. D	12. B	13. A	14. C	15. B	16. D	17. D	18. A	19. C	20. B
21. D	22. C	23. A	24. B	25. D	26. C	27. B	28. A	29. D	30. C
31. B	32. D	33. A	34. D	35. C	36. B	37. A	38. D	39. C	40. B
41. D	42. A	43. C	44. B	45. A	46. D	47. C	48. B	49. A	50. D
51. C	52. A	53. B	54. D	55. C	56. B	57. A	58. D	59. C	60. B
61. A	62. B	63. D	64. C	65. A	66. D	67. B	68. A	69. C	70. D

二、问答题

1. 简述项目管理的由来和发展。
2. 什么是项目？项目的属性有哪些？
3. 用实例简单说明项目与运作之间的异同点。
4. 什么是信息技术、工程和信息系统工程？
5. 信息系统工程与一般建设工程相比有哪些特点？
6. 什么是项目生命期？项目阶段和过程之间有什么关系？
7. 什么是项目参与人、项目利益相关者？
8. 什么是项目管理、项目管理组织？
9. 简述信息系统工程项目管理的系统观念和知识领域的内容。
10. 简述信息系统工程项目建设管理体制。

第2章 信息系统工程建设程序与招投标

复习重点

信息系统工程的建设程序包括可行性研究，项目申报，招标评标，用户需求调研，总体方案设计，详细设计实施管理，系统检测，项目验收和项目移交等步骤。信息系统工程项目设计和实施单位的选择方式通常采用招标的方法，即通过竞争性招标、投标来实现。信息系统工程招标的内容可以分为信息系统工程项目总承包招标，信息系统工程设计招标，信息系统工程实施招标，设备材料采购招标和信息系统工程监理招标等几种类型。信息系统工程招标通常采取公开招标，邀请招标，竞争性谈判，单一来源招标、询价和两阶段招标等方式进行。信息系统工程项目招标程序包括资格预审、准备招标文件、发布招标通告、发售招标文件、组织现场勘察、召开投标预备会，以及开标、评标和定标等。

评标由招标人依法组建的评标委员会负责。其评标委员会由招标人的代表和有关技术、经济等方面的专家组成。成员人数为五人以上单数，其中技术、经济等方面的专家不得少于成员总数的三分之二。技术专家应当从事相关领域工作满八年并具有高级职称或具有同等专业水平，由招标人从国务院有关部门或省、自治区、直辖市人民政府有关部门提供的专家名册或招标代理机构的专家库内的相关专业的专家名单中选定。一般招标项目可以采取随机抽取的方式，特殊招标项目可以由招标人直接选定。评标方法有综合评分法、最低评标价法和性价比法等。信息系统工程项目招标评审按招标文件中规定的原则和方法进行，一般除考虑投标价以外，还要对技术方案、服务条件、业绩、人员、财务能力等进行全面评审和综合分析，最后选出最优的投标。

一、选择题

1. 信息系统工程建设的重点环节包括项目可行性研究、(　　)、招标评标、系统设计、工程设计、施工管理、系统检测、项目验收和项目移交等。

   (A) 系统评估　　(B) 项目申报　　(C) 前期策划　　(D) 领导决策

   答案：(　　)

2. 信息系统工程可行性研究是从技术和经济等方面，对拟建的信息系统工程项目在建设的必要性、技术可行性、(　　)、实施可能性等方面进行综合研究和论证，得出项目是否可行的结论。

   (A) 战略可行性　　(B) 项目合法性　　(C) 政治可靠性　　(D) 经济合理性

   答案：(　　)

3. 信息系统工程可行性研究工作一般委托信息系统工程设计单位或专业咨询公司来做，其一般分为三个阶段，即(　　)、初步可行性研究和详细可行性研究。

   (A) 机会研究　　(B) 初步设计　　(C) 方案设计　　(D) 经济评估

答案：(　　)

4. 信息系统工程可行性研究工作的内容主要包括技术评价、经济评价、(　　)、综合评价、编写报告等。

(A) 项目前期研究　(B) 初步设计　(C) 环境影响评价　(D) 数据采集

答案：(　　)

5. 信息系统工程项目招标按照工程标的内容可以分为项目总承包招标，系统设计招标，工程建设实施招标，项目材料和设备招标，以及(　　)招标等类型。

(A) 工程前期研究　(B) 信息系统工程监理

(C) 环境影响评价　(D) 数据采集处理

答案：(　　)

6. 在项目实施准备阶段首先要组建项目经理部。它是指项目经理在企业的领导和支持下组建的进行工程项目管理的组织机构。项目经理部的负责人是(　　)。

(A) 项目经理　(B) 总监理工程师　(C) 总工程师　(D) 包工头

答案：(　　)

7. 系统承包人在安装调试完成后，应对系统进行(　　)，要求对检测项目逐项检测。

(A) 封装　(B) 打包　(C) 测试　(D) 自检

答案：(　　)

8. 系统检测结论分为合格和不合格。主控项目有(　　)不合格，则系统检测不合格；一般项目有两项或两项以上不合格，则系统检测不合格。

(A) 一项　(B) 两项　(C) 三项　(D) 三项以上

答案：(　　)

9. 信息系统工程项目设计和实施单位的选择方式通常采用招标方法，即通过竞争性招投标来实现。竞争性招投标有一套完整、统一的程序，其过程由招标、投标、开标、(　　)、合同授予等阶段组成。

(A) 唱标　(B) 考核　(C) 评标　(D) 竞标

答案：(　　)

10. 信息系统工程招标是指工程发包人就拟委托信息系统工程承包工作的内容、范围、要求等有关条件作为标底，公开或非公开地邀请投标人报出完成信息系统工程项目建设的技术方案和费用方案，从而择优选定信息系统工程承包人的过程。择优以管理技术水平、社会信誉、(　　)为首要条件。

(A) 社会关系　(B) 业绩　(C) 工作能力　(D) 社会效益

答案：(　　)

11. 信息系统工程项目(　　)招标是指从项目建议书开始，包括可行性研究、勘察设计、设备材料采购、工程实施、系统安装、调试、试运行直至竣工投产、交付使用的建设全过程招标。

(A) 设计　(B) 实施　(C) 设备材料采购　(D) 总承包

答案：(　　)

12. 信息系统工程(　　)招标是指招标人就拟建的信息系统工程项目的设计任务发出招标信息或投标邀请，由投标人根据招标文件的要求提交包括设计方案及报价等内容的投标书，经开标、评标，从中择优选定设计单位的活动。

(A) 设计　(B) 实施　(C) 设备材料采购　(D) 总承包

答案：(　　)

13. 信息系统工程(　　)招标是指招标人就建设项目的实施任务发出招标信息或投标邀请，由投标人根据招标文件的要求提交包括实施方案、报价、工期等内容的投标书，经开标、评标等程序，从中择优选定实施承包人的活动。

(A) 设计　(B) 实施　(C) 设备材料采购　(D) 总承包

答案：(　　)

14. 信息系统工程项目的(　　)招标是一项涉及面广、工作量大的招标工作，是指招标人就设备、材料的采购发出招标信息或投标邀请，由投标人投标竞争获得采购合同的活动。

(A) 设计　(B) 实施　(C) 设备材料采购　(D) 总承包

答案：(　　)

15. 信息系统工程(　　)招标是指建设项目的发包人为了加强对设计、实施阶段的管理，委托有经验、有能力的信息系统工程监理单位对建设项目的设计、实施活动进行监理而发布监理招标信息或发出投标邀请，由信息系统工程监理单位竞争承接此项目的监理任务的过程。

(A) 监理　(B) 实施　(C) 承包　(D) 设计

答案：(　　)

16. 信息系统工程招标通常是监理招标应先于工程(　　)招标，即先选择监理单位，后选择工程承包人，而且要让工程监理单位直接参与工程承包招标工作。

(A) 监理　(B) 实施　(C) 承包　(D) 设计

答案：(　　)

17. (　　)招标是指招标人以招标公告的方式邀请不特定的法人或其他组织投标。

(A) 竞争性谈判　(B) 邀请　(C) 询价　(D) 公开

答案：(　　)

18. (　　)招标是指招标人以投标邀请书的方式邀请特定的法人或其他组织投标。

(A) 竞争性谈判　(B) 邀请　(C) 询价　(D) 公开

答案：(　　)

19. 招标人采用邀请招标方式的，应当向三个以上具备承担招标项目的能力、资信良好的特定的法人或其他组织发出投标邀请书，通常数量为(　　)家。

(A) 2~3　(B) 2~4　(C) 2~5　(D) 3~6

答案：(　　)

20. (　　)招标是邀请招标方式中的一种特例，招标人邀请特定的法人或其他组织投标，在投标文件完全达到招标文件实质性要求的前提下，所有投标人有三次报价的权利，最后以第三次报价中最低的投标人中标。

(A) 竞争性谈判　(B) 邀请　(C) 询价　(D) 公开

答案：(　　)

21. (　　)招标方式也称为议标，即价格面议的意思。由招标人向一家或多家单位询价，或直接邀请某一家符合条件的单位进行协商，达成协议后将信息系统工程建设任务委托这家单位去完成。

(A) 竞争性谈判 (B) 邀请 (C) 询价 (D) 公开

答案:( )

22. 对于大型或复杂的信息系统工程项目，在正式组织招标以前，需要对拟投标单位的资格和能力进行预先审查，即( )。这样，可以缩小投标单位的范围，节省了时间，提高了办事效率。

(A) 竞争性谈判 (B) 资格预审 (C) 询价 (D) 协商

答案:( )

23. 资格预审包括两大部分，即基本资格预审和专业资格预审。基本资格是指拟投标单位的( )和信誉，专业资格是指已具备基本资格的投单标位履行拟定信息系统工程项目建设的能力。

(A) 谈判能力 (B) 报价 (C) 人员和办公场所 (D) 合法地位

答案:( )

24. 资格预审程序：首先要编制( )，邀请潜在的单位参加资格预审，发售资格预审文件，最后进行资格评定。

(A) 资格预审文件 (B) 计划 (C) 招标管理制度 (D) 招标条件

答案:( )

25. 招标文件的主要内容包括招标通告，( )，以及具体制订投标的规则，使投标单位在投标时有所遵循。

(A) 资格文件 (B) 招标管理制度 (C) 投标须知 (D) 招标条件

答案:( )

26. 技术规格是招标文件和合同文件的重要组成部分。它规定了信息系统工程项目招标的主要技术要求、内容和( )，是评标的关键依据之一。

(A) 资格要求 (B) 技术标准 (C) 投标标准 (D) 招标程序

答案:( )

27. 招标文件中的技术规格通常要求包括工程项目描述，项目阶段的划分，项目( )，项目实施的任务和内容等几个部分。

(A) 资格要求 (B) 技术标准 (C) 投标标准 (D) 实施范围

答案:( )

28. ( )是为了防止投标单位在投标有效期内任意撤回其投标或中标后不签订合同，使发包人蒙受损失，通常可采用现金、支票、不可撤销的信用证、银行保函等方式交纳。

(A) 投标保证金 (B) 投标代理费 (C) 中介费 (D) 投标服务费

答案:( )

29. 如果投标单位在投标有效期内撤回投标；或投标单位在收到中标通知书后，不按规定签订合同；或投标单位在投标有效期内有违规违纪行为等，应没收其( )。

(A) 投标服务费 (B) 投标代理费 (C) 投标保证金 (D) 中介费

答案:( )

30. 信息系统工程项目发包人在( )，应在公众媒体上刊登招标通告。如果是国际性招标采购，还应在国际性的刊物上刊登招标通告，并且从刊登通告到参加投标要留有充足的时间。

(A) 正式评标之前　　(B) 正式招标以前
(C) 正式招标之时　　(D) 正式招标之后
答案:(　)

31. 如果经过资格预审程序，招标文件可以直接发售给通过资格预审的拟投标单位。如果没有资格预审程序，招标文件可以发售给任何(　)单位。
(A) 参加过投标的　　(B) 不熟悉的
(C) 熟悉的　　(D) 对招标通告做出反应的
答案:(　)

32. 信息系统工程项目投标是投标单位以技术建议书和(　)的形式争取中标的过程。
(A) 费用建议书　(B) 用户需求　(C) 招标书要求的　(D) 规范化
答案:(　)

33. 在正式投标前，发包人需要对大型工程组织召开标前会和(　)，以及按投标单位的要求澄清招标文件，澄清答复要以书面文件的形式发给所有购买招标文件的投标单位。
(A) 协商会　(B) 技术讲座　(C) 现场考察　(D) 电话联系
答案:(　)

34. 招标单位如需对已出售或发放的招标文件进行补充说明、勘误、澄清，或经上级主管部门批准后进行局部修正，最迟应在投标截止日期前(　)，以书面形式通知所有投标者。
(A) 10 天　(B) 15 天　(C) 20 天　(D) 25 天
答案:(　)

35. 正式开标前，招标人不得向他人透露已获取招标文件的潜在投标人的(　)以及可能影响公平竞争的有关招标、投标的其他情况。招标人设有标底的，标底必须保密。
(A) 标准　(B) 标的　(C) 规定　(D) 名称、数量
答案:(　)

36. 投标人通过对招标的工程项目(　)，可以了解实施场地和周围的情况，获取其认为有用的信息，核对招标文件中的有关资料并加深对招标文件的理解，以便对投标项目作出正确的判断。
(A) 踏勘　(B) 计划　(C) 规划　(D) 设计
答案:(　)

37. 招标人通过组织投标人进行(　)，可以有效避免合同履行过程中投标人以不了解现场或招标文件提供的现场条件与现场实际不符为由推卸本应承担的合同责任。
(A) 计划编制　(B) 现场踏勘　(C) 规划设计　(D) 方案设计
答案:(　)

38. 投标预备会或招标文件(　)是招标人按投标须知规定的时间和地点召开的会议，以便对投标人书面提出的问题和会议上即席提出的问题给予解答。会议结束后，招标人应将会议记录以书面通知的形式发给每一位投标人。
(A) 研讨会　(B) 协调会　(C) 方案讨论会　(D) 交底会
答案:(　)

39. 不论是招标单位以书面形式向投标单位发放的任何资料文件，还是投标单位以书面形

式提出的问题，均应以(　　)形式予以确认。

(A) 口头　　(B) 任何沟通　　(C) 书面　　(D) 电子

答案：(　　)

40. 会议纪要和答复函件形成招标文件的补充文件，是招标文件的组成部分，与招标文件具有(　　)。当补充文件与招标文件的规定不一致时，以补充文件为准。

(A) 同等的法律效力　　(B) 相同的文字

(C) 不同的等级　　(D) 不同的加权因子

答案：(　　)

41. 为了使投标单位在编写投标文件时充分考虑招标单位对招标文件的修改或补充内容，以及投标预备会会议记录内容，招标单位可根据情况在投标预备会上确定(　　)投标截止时间。

(A) 各投标单位　　(B) 不同的　　(C) 缩短　　(D) 延长

答案：(　　)

42. 项目投标人在获得招标文件后要组织力量认真研究招标文件的内容，并对招标项目的实施条件进行调查。在此基础上结合投标人的实际，按照招标文件的要求(　　)。

(A) 审核招标文件　(B) 编制投标文件　(C) 设计方案　　(D) 编制计划

答案：(　　)

43. 投标文件应当对招标文件提出的要求和条件作出(　　)。

(A) 相应的响应　　(B) 一般性响应　　(C) 实质性响应　　(D) 可行性响应

答案：(　　)

44. 两个以上法人或其他组织可以组成一个联合体，以一个投标人的身份共同投标。联合体各方均应具备承担招标项目的(　　)。

(A) 相应能力　　(B) 相同能力　　(C) 响应能力　　(D) 资质条件

答案：(　　)

45. 国家或招标文件对投标人资格条件有规定的，联合体各方均应当具备规定的相应资格条件。由同一专业的单位组成的联合体，按照资质等级(　　)单位确定资质等级。

(A) 相同的　　(B) 较高的　　(C) 较低的　　(D) 平均的

答案：(　　)

46. 联合体各方应当签订(　　)，明确约定各方拟承担的工作和责任，并将共同投标协议连同投标文件一并提交招标人。

(A) 相同的合同　　(B) 各自的合同

(C) 同一份合同　　(D) 共同投标协议

答案：(　　)

47. 招标人不得强制投标人组成联合体共同投标，(　　)投标人之间的竞争。

(A) 必须限制　　(B) 不得限制　　(C) 设法限制　　(D) 共同协商消除

答案：(　　)

48. 投标人不得(　　)投标报价，不得排挤其他投标人的公平竞争，损害招标人或其他投标人的合法权益。投标人不得与招标人串通投标，损害国家利益、社会公共利益或他人的合法权益。

(A) 相互串通 (B) 哄抬 (C) 各自 (D) 独立

答案:( )

49. 投标人不得( )报价竞标，也不得以他人名义投标或以其他方式弄虚作假。

(A) 各自 (B) 哄抬 (C) 以低于成本的 (D) 独立

答案:( )

50. 投标人应当在招标文件要求提交投标文件的截止时间前，将投标文件送达投标地点。招标人拒收截止期后送到的投标文件，并取消投标人的( )。

(A) 资质证书 (B) 营业执照 (C) 机构代码证 (D) 投标资格

答案:( )

51. 在开标以前，所有的投标文件都必须( )，妥善保管，不得开启。

(A) 邮寄 (B) 密封 (C) 封存 (D) 标点

答案:( )

52. 公开招标时，提交有效投标文件的投标人少于( )的，招标人应当宣布流标，并重新组织招标。

(A) 二个 (B) 三个 (C) 四个 (D) 五个

答案:( )

53. 招标开标应按招标通告中规定的时间、地点公开进行，并邀请投标单位或其委派的代表参加。开标仪式由( )组织并主持，同时邀请工程所在地的省、市质量监督部门和公证机关出席。

(A) 招标单位 (B) 上级主管部门 (C) 监理单位 (D) 政府部门

答案:( )

54. 招标开标时，应以公开的方式检查投标文件的( )，当众宣读投标单位名称、有无撤标情况、提交投标保证金的方式是否符合要求、投标项目的主要内容、投标价格以及其他有价值的内容。

(A) 封存情况 (B) 来源 (C) 安全装置 (D) 密封情况

答案:( )

55. 招标开标要作( )，其内容包括项目名称、招标号、刊登招标通告的日期、发售招标文件的日期、购买招标文件单位的名称、投标单位的名称及报价、截标后收到标书的处理情况等。

(A) 公证 (B) 讲演 (C) 开标记录 (D) 录像

答案:( )

56. 作( )处理的情况有投标书未按要求的方式密封，未加盖公章或未经法定代表人签字，未按招标文件规定的格式、内容和要求填写，字迹潦草、模糊、无法辨认，同一个项目报有两个或多个报价，投标者未能按要求提交投标担保函或投标保证金。

(A) 公证 (B) 废标 (C) 正常 (D) 协商

答案:( )

57. 招标、评标必须以( )为依据，不得采用招标文件规定以外的标准和方法进行评标，凡是评标中需要考虑的因素都必须写入招标文件中。

(A) 招标文件 (B) 招标单位意见

(C) 主管部门意见 (D) 招标代理意见

答案：(　　)

58. 依法必须进行招标的项目，其评标委员会由招标人的代表和有关技术、经济等方面的专家组成，成员人数为(　　)以上单数，其中技术、经济等方面的专家不得少于成员总数的三分之二。

(A) 三人　(B) 五人　(C) 七人　(D) 九人

答案：(　　)

59. 招标、评标技术专家应当从事相关领域工作满(　　)并具有高级职称或具有同等专业水平，由招标人从国务院有关部门或省、自治区、直辖市人民政府有关部门提供的专家名册或招标代理机构的专家库内的相关专业的专家名单中选定。

(A) 六年　(B) 七年　(C) 八年　(D) 九年

答案：(　　)

60. 与投标人(　　)的人不得进入相关项目的评标委员会，已经进入的应当更换。评标委员会成员的名单在中标结果确定前应当保密。

(A) 不熟悉　(B) 熟悉　(C) 无利害关系　(D) 有利害关系

答案：(　　)

61. 招标人应当采取必要的措施，保证评标在(　　)的情况下进行。任何单位和个人不得非法干预、影响评标的过程和结果。

(A) 严格保密　(B) 公开透明

(C) 环境安静　(D) 政府部门参与

答案：(　　)

62. 招标、评标方法有综合评分法、最低评标价法、(　　)等几种。

(A) 综合平衡法　(B) 统计分析法　(C) 专家打分法　(D) 性价比法

答案：(　　)

63. 招标过程的商务评审主要由评委中的经济专家负责进行，主要是对(　　)的构成、计价方式、计算方法、支付条件、取费标准、价格调整、税费、保险及优惠条件等进行评审。

(A) 技术方案　(B) 投标报价　(C) 公司人员　(D) 项目性价比

答案：(　　)

64. 招标过程的技术评审主要由评委中的技术专家负责进行，主要是对投标书的(　　)、技术措施、技术手段、技术装备、人员配置、组织方法和进度计划等进行评审。

(A) 投标报价　(B) 采购设备　(C) 技术方案　(D) 经济指标

答案：(　　)

65. 在(　　)，招标人不得与投标人就投标价格、投标方案等实质性内容进行谈判。

(A) 确定中标人前　(B) 确定中标人后　(C) 定标后　(D) 签订合同前

答案：(　　)

参考答案：

1. B　2. D　3. A　4. C　5. B　6. A　7. D　8. A　9. C　10. B
11. D　12. A　13. B　14. C　15. A　16. C　17. D　18. B　19. D　20. A
21. C　22. B　23. D　24. A　25. C　26. B　27. D　28. A　29. C　30. B

31. D　32. A　33. C　34. B　35. D　36. A　37. B　38. D　39. C　40. A
41. D　42. B　43. C　44. A　45. C　46. D　47. B　48. A　49. C　50. D
51. B　52. B　53. A　54. D　55. C　56. B　57. A　58. B　59. C　60. D
61. A　62. D　63. B　64. C　65. A

二、问答题

1. 简述信息系统工程的建设程序。
2. 信息系统工程招标的分类有哪些？
3. 信息系统工程招标的方式有哪些？
4. 简述信息系统工程招标的程序。
5. 简述信息系统工程投标、开标的程序。
6. 对组成评标委员会的成员结构有什么样的要求？
7. 信息系统工程招标过程中的评标方法有哪些？
8. 简述信息系统工程招标过程中的评标程序。

第3章 信息系统工程项目范围管理

复习重点

项目范围是指项目的最终成果和产生该成果需要做的工作，既不欠缺也不多余。项目范围管理是指为了实现项目的目标，对项目从立项到完成整个生命期中所涉及的工作范围所进行的管理和控制。它包括范围的界定，范围的规划，范围的调整和范围变更控制等。项目管理组织要想成功地完成一个项目，达到项目目标，必须开展一系列的工作，这些必须开展的项目工作内容就构成了一个项目的工作范围。项目范围管理的主要任务是进行项目用户需求调研分析，编写项目范围说明文件、项目管理规划、项目计划等。项目工作分解结构(WBS)是指按层次把项目分解成子项目，子项目再分解成更小的、更易管理的工作单元(或称工作包)，直至具体的活动(或称工序)的方法。

项目用户需求调研分析是信息系统工程项目范围管理中最重要的一个步骤，因为项目目标和项目范围是通过用户需求调研分析来确定的。用户需求是从用户的角度描述项目目标和项目范围，以便没有专业技术背景的用户能看懂。它只描述项目的外部行为，尽量避免涉及项目内部的设计特性，因而用户需求就不可能使用任何开发模型来描述，只能通过自然语言、图表、图形等来描述。造成用户需求偏离的主要原因有用户与开发人员缺乏有效沟通，用户需求不明确，用户需求变化多等。信息系统工程项目用户需求调研工作包括真正了解自己和用户，了解用户所从事的行业，了解用户原有系统的现状，了解用户现在的工作流程，了解清楚用户真正的需求。项目范围说明文件是指项目经理把从用户那里获得的有关项目开发实施的所有信息进行整理分析，编写的调研分析报告。通过这些分析，将用户众多的要求信息进行分类，以区分业务需求及规范、功能需求、质量目标、解决方法和其他信息，从而搞清楚用户真正的需求内容和想法。项目范围说明文件通常采用范围规格说明的形式。规格是一个预制的或已存在计算机中的文档模板。它定义了文档中所有必须具备的特性，同时留下很多特性不做限制。通常，规格的特点是格式简洁，内容全面、标准，并且易于修改。项目管理规划是在项目范围管理阶段以项目为对象而编制的，是用于指导项目实施全过程中开展各项活动的技术、经济、组织和管理的综合性文件。项目管理规划作为指导项目管理工作的纲领性文件，应对项目管理的目标、内容、组织、资源、方法、程序和控制措施进行确定。它包括项目管理规划大纲和项目管理实施规划两类文件。

一、选择题

1. 项目(　　)是指项目的最终成果和产生该成果需要做的工作，既不欠缺也不多余。项目范围是制订项目计划的基础，以此形成系统相关子计划并综合成整个项目计划。

   (A) 范围　　(B) 系统性　　(C) 数据　　(D) 工作

   答案：(　　)

2. 项目范围管理是指为了实现项目的目标，对项目从立项到完成整个生命期中所涉及的工作范围所进行的管理和控制。它包括范围的(　　)，范围的规划，范围的调整和范围变更控制等。

(A) 统计　(B) 整理　(C) 测定　(D) 界定

答案：(　　)

3. 项目范围管理的主要任务是进行项目(　　)，编写项目范围说明文件、项目管理规划、项目计划等。

(A) 立项申请　(B) 用户需求调研分析

(C) 可行性分析　(D) 资金筹措

答案：(　　)

4. 用户需求调研和分析是信息系统工程项目实施过程中的重要一环，是信息系统工程项目的策划和方案设计，特别是(　　)的基础，也是沟通用户(发包人)和项目开发人员的桥梁。

(A) 立项申请　(B) 用户需求

(C) 环境保护　(D) 软件系统设计

答案：(　　)

5. 项目实施前，组织应明确(　　)项目的范围，提出项目范围说明文件，作为进行项目设计、计划、实施和评价的依据。

(A) 统计　(B) 整理　(C) 测定　(D) 界定

答案：(　　)

6. 项目管理(　　)作为指导项目管理工作的纲领性文件，应对项目管理的目标、内容、组织、资源、方法、程序和控制措施进行确定。它包括项目管理规划大纲和项目管理实施规划两类文件。

(A) 定义　(B) 规划　(C) 范围　(D) 措施

答案：(　　)

7. 组织应严格按照项目的范围和工作分解结构文件进行项目的范围控制。即按照项目范围管理(　　)，控制项目中实际执行的工作单元和活动，使其符合计划要求。

(A) 内容　(B) 方法　(C) 规划　(D) 技术

答案：(　　)

8. 在项目的(　　)，应确认项目范围，检查项目范围规定的工作是否完成和交付成果是否完备。项目结束后，组织应对项目范围管理的经验教训进行总结。

(A) 结束阶段　(B) 设计图纸上　(C) 用户需求调研中　(D) 立项过程中

答案：(　　)

9. 项目工作分解结构(　　)是指按层次把项目分解成子项目，子项目再分解成更小的、更易管理的工作单元(或称工作包)，直至具体的活动(或称工序)的方法。

(A) WCS　(B) UBS　(C) CBS　(D) WBS

答案：(　　)

10. 工作分解结构(WBS)是一种(　　)的分析方法，用于分析项目范围所涉及的工作。这是项目管理的一个非常基础的文件，因为它是计划和管理项目的进度、成本和变更的基础。

(A) 以结果为终点　　(B) 以结果为导向
(C) 目标整合　　(D) 计算机管理
答案:(　)

11. 工作分解结构(WBS)常常是围绕项目产品或项目实施阶段展开的。它有点像组织结构图，人们可以通过它看到(　)以及每一个主要的组成部分。
(A) 项目主要因素　　(B) 设计图纸
(C) 整个项目图景　　(D) 项目管理措施
答案:(　)

12. 工作分解结构(WBS)的作用是把项目分解成(　)，定义具体的工作范围，让相关人员清楚了解整个项目的概况，对项目所要达到的目标达成共识，以确保不漏掉任何重要的事情。
(A) 具体的活动　　(B) 设计图例
(C) 项目主要图景　　(D) 项目管理方法措施
答案:(　)

13. 工作分解结构(WBS)是按照各子项目范围的大小从上到下逐步分解的。其步骤包括总项目，子项目或主体活动，主要的活动，次要的活动，(　)。
(A) 抽象的活动　(B) 虚拟的活动　(C) 主要线索　(D) 工作包
答案:(　)

14. 在进行工作结构分解时必须清楚，要完成该项目必须完成哪些主要活动？完成这项活动，必须要完成哪些具体子任务？在从上往下排列的过程中，工作分解结构(WBS)的每一层都变得更具体，最终形成一个(　)的组织结构。
(A) 蜘蛛网似　(B) 类似树状　(C) 方块形状　(D) 菱形
答案:(　)

15. (　)是完成项目目标所要进行的相关工作活动的集合，为项目控制提供充分、合适的管理信息。它位于工作分解结构的最底层。
(A) 编码　　(B) 可交付成果
(C) 工作包　　(D) 工作分解目标
答案:(　)

16. 按照特定的规则对工作分解结构图中的各个节点进行(　)，可以简化项目实施过程中的信息交流。
(A) 编码　　(B) 可交付成果
(C) 工作包　　(D) 工作分解目标
答案:(　)

17. 工作分解结构中的(　)可以是产品，也可以是服务。可交付的产品应与产品分解结构中的产品项对应。
(A) 编码　　(B) 可交付成果
(C) 工作包　　(D) 工作分解目标
答案:(　)

18. (　)是从用户的角度描述项目目标和项目范围。它只描述项目的外部行为，尽量避免涉及项目内部的设计特性，因而它就只能通过自然语言、图表、图形等来描述。

(A) 项目规划　(B) 方案设计　(C) 项目计划　(D) 用户需求

答案：(　　)

19. 项目用户需求的主要特点是用户需求表达的困难，其包括描述困难和(　　)两方面。

(A) 不同需求之间冲突　(B) 协调困难

(C) 需求混乱　(D) 概念混淆

答案：(　　)

20. 用户需求编写的原则有(　　)，使用一致的语言，使用特殊文本，尽量避免专业术语。

(A) 标准的格式　(B) 相同的目录　(C) 相同的概念　(D) 标准的内容

答案：(　　)

21. 通常用户对信息系统工程项目，特别是对应用软件开发的需求是复杂的、多方面的，有时甚至是苛刻的、(　　)的。

(A) 简单明了　(B) 清清楚楚　(C) 概念性　(D) 迷迷糊糊

答案：(　　)

22. 依据信息系统工程用户需求的具体内容，用户需求大致可以分为目标需求，业务需求，(　　)，性能需求等几种类型。

(A) 功能需求　(B) 外在需求　(C) 非功能需求　(D) 内部需求

答案：(　　)

23. 性能需求又称为(　　)。它包括产品必须遵从的行业标准、规范和约束，操作界面的具体细节和构造上的限制等。

(A) 功能需求　(B) 外在需求　(C) 非功能需求　(D) 内部需求

答案：(　　)

24. 用户需求调研分析的目标是深入描述项目的目标需求、业务需求、功能需求和性能需求，确定项目总体方案设计的约束和各子系统的接口细节，即确定项目目标和界定(　　)。

(A) 端口协议　(B) 项目范围　(C) 非功能需求　(D) 内部需求

答案：(　　)

25. 用户需求调研阶段研究的对象是项目的(　　)。一方面，必须全面理解用户的各项要求，但又不能全盘接受所有的要求；另一方面，要准确地表达其要求。

(A) 进度计划　(B) 综合平衡　(C) 非功能需求　(D) 用户要求

答案：(　　)

26. 用户需求调研分析的任务是识别用户的需要、期望和限制条件，转换成项目需求的集合，在此基础上产生一个高层次概念的(　　)，并通过进一步分解来确定特定子系统或设备产品的构件。

(A) 进度计划　(B) 综合平衡　(C) 解决方案　(D) 模块

答案：(　　)

27. 对项目功能体系结构的细节层次需要不断地进行(　　)，如进行项目工作分解结构(WBS)，直到细化程度足以推进项目的深化设计、实施和测试为止。

(A) 递归分析　(B) 综合平衡　(C) 解决方案　(D) 模块集成

答案：(　　)

28. 在分析用户需求时需要注意的地方包括(　　)、技术制约、成本制约、时间限制、软件风险、用户未明确的隐含问题，以及由项目承包人业务经验和能力引出的需求。

(A) 递归分析　(B) 综合平衡　(C) 解决方案　(D) 限制条件

答案：(　　)

29. 采用递归分析方法对需求加以归纳、精练，进行派生，形成一个完备的项目逻辑实体。持续进行这些活动，可以确保项目需求始终得到恰当的定义，最终确定项目目标和界定(　　)。

(A) 整体模型　(B) 项目范围　(C) 解决方案　(D) 限制条件

答案：(　　)

30. 用户需求常用的调查方法有观察法，询问法，实验法，普查法和(　　)法等。

(A) 综合平衡　(B) 数学分析　(C) 抽样调查　(D) 运筹

答案：(　　)

31. (　　)是指由调查人员通过直接观察的方式进行实地考察，从而获得所需资料的方法。

(A) 观察法　(B) 询问法　(C) 实验法　(D) 电话调查

答案：(　　)

32. (　　)是指以询问的方式作为搜集资料的手段，把所要调查的事项通过访问和通信的形式向被调查者询问，以获得所需要资料的调查方法。它是调查中经常采用的一种方法。

(A) 观察法　(B) 询问法　(C) 实验法　(D) 电话调查

答案：(　　)

33. (　　)是调查人员按照抽样的要求和样本的范围，通过电话向调查对象询问意见和建议。这种方法的优点是可以在短时间内调查若干用户，调查费用较低，搜集资料迅速。

(A) 观察法　(B) 询问法　(C) 实验法　(D) 电话调查

答案：(　　)

34. (　　)是指将所要调查的问题放在一定的场合进行小范围实验，然后再对实验结果进行分析研究，判断其是否值得大规模推广，以及是否需要改进的调查方法。

(A) 观察法　(B) 询问法　(C) 实验法　(D) 电话调查

答案：(　　)

35. 用户需求调查按被调查者的数量和分布范围分为(　　)和抽样调查两种方式，所采用的调查方法有观察法、询问法和实验法等。

(A) 普遍调查　(B) 局部调查　(C) 邮寄调查　(D) 电话调查

答案：(　　)

36. 抽样调查是指根据一定的要求从调查对象的总体中抽取一部分个体进行调查，并依据所获得的数据资料对调查总体的特征进行具有一定(　　)的推断，从而达到认识、了解总体的一种调查方法。

(A) 普遍性　(B) 风险性　(C) 稳定性　(D) 可靠性

答案：(　　)

37. 造成用户需求偏离的主要原因包括用户与开发人员(　　)，用户需求不明确，用户需求变化多。

(A) 专业不相同　(B) 缺乏有效沟通　(C) 观点不同　(D) 无法沟通

答案：(　　)

38. 用户需求不明确的问题，包括需求过多，需求(　　)，需求模棱两可，需求不完整等。

(A) 专业性不强　(B) 缺乏有效性　(C) 不稳定　(D) 无法沟通

答案：(　　)

39. 信息系统工程需求调研是项目经理为编写(　　)而做的前期工作，主要是为了了解用户真正需要什么样的项目目标、业务、功能和性能，以界定项目范围。

(A) 项目范围说明文件　(B) 开工报告

(C) 工艺流程　(D) 沟通计划

答案：(　　)

40. 有些信息系统工程项目虽然发包人只有一个，但是用户却有很多。众多用户的需求是(　　)、复杂的、多方面的。

(A) 基本相同的　(B) 大体一致的　(C) 各不相同的　(D) 全面系统的

答案：(　　)

41. 对于众多用户的需求调研工作，通常是通过发包人的(　　)，选择几家典型用户进行项目需求调研，并将他们的需求内容向发包人报告，征得发包人的同意后列入用户需求内容。

(A) 观察　(B) 询问　(C) 电话调查　(D) 推荐和认可

答案：(　　)

42. 信息系统工程项目用户需求调研要求达到的效果是真正了解自己和用户，了解用户所从事的行业，了解用户原有系统的现状，了解用户现在的工作流程，了解清楚(　　)等。

(A) 项目的来历　(B) 用户真正的需求　(C) 事情的前因后果　(D) 存在的风险

答案：(　　)

43. 用户需求调研的目标是要从用户(发包人)提出的众多要求中，分清哪些是用户真正的需求，哪些是合理的、(　　)的要求，摸透用户的思想，明确用户的真正需求。

(A) 可实现　(B) 可表达　(C) 安全可靠　(D) 没有风险

答案：(　　)

44. 用户需求调研结果要编写成(　　)，真实地反映用户对项目功能、进度和成本的要求，以及项目相关行业标准、规范。

(A) 项目规划大纲　(B) 可行性分析报告

(C) 用户需求分析报告　(D) 项目风险报告

答案：(　　)

45. 用户需求分析报告作为项目范围说明文件编写的(　　)，可以作为附件单独装订成册，也可以不单独装订成册，将其内容放到项目范围说明文件中描述，目前较为流行的做法是后者。

(A) 规划大纲　(B) 内容　(C) 分析报告　(D) 依据

答案：(　　)

46. 通常用户需求调研分析阶段的成果有项目范围说明文件，(　　)，项目计划，项目质量保证计划，配置管理计划，项目测试计划等。

(A) 项目验收大纲　　(B) 项目管理规划
(C) 项目分析报告　　(D) 项目结算报告

答案：(　　)

47. 项目范围说明文件是指项目经理把从用户那里获得的有关项目开发实施的所有信息进行(　　)，编写的调研分析报告。

(A) 整理分析　(B) 消化吸收　(C) 专项调研　(D) 上传下达

答案：(　　)

48. 项目范围说明文件是用户需求文档化的结果，有时简称为(　　)。它是用户对项目要求的正式陈述，其主要包括用户对项目明确的和潜在的要求。

(A) 分析报告　(B) 检测文档　(C) 专项调研报告　(D) 需求文档

答案：(　　)

49. 项目范围说明文件应以一种用户认为易于(　　)的方式组织编写，用户要仔细评审此报告，以确保报告内容准确完整地表达其需求。

(A) 分析和整理　(B) 统计和汇总　(C) 翻阅和理解　(D) 打印和装订

答案：(　　)

50. 编写项目范围说明文件时，需要注意的事项包括表达方式最好采用(　　)；语句和段落尽量简短；语句要完整，且语法、标点等正确无误；使用的术语要与词汇表中的定义保持一致等。

(A) 被动语态　(B) 主动语态　(C) 通用语言　(D) 计算机术语

答案：(　　)

51. 项目范围说明文件在信息系统工程项目开发、测试、质量保证、项目管理以及项目实施过程中起着十分重要的作用。它有助于项目经理部所有成员(　　)、步调统一、协同合作。

(A) 目标明确　(B) 积极向上　(C) 努力学习　(D) 士气高昂

答案：(　　)

52. 作为项目需求的(　　)，项目范围说明文件必须具有综合性，即必须包括所有的需求。

(A) 设计方案　(B) 理论分析　(C) 统计数据　(D) 最终成果

答案：(　　)

53. 项目范围说明文件通常采用范围(　　)的形式。规格是一个预制的或已存在计算机中的文档模板。它定义了文档中所有必须具备的特性，同时留下很多特性不做限制。

(A) 设计方案　(B) 分析报告　(C) 规格说明书　(D) 规范标准

答案：(　　)

54. 范围规格说明书也称为需求规格说明书或功能规格说明书，是一个简洁完整的描述性(　　)。其基本内容包括项目目标、需求和工作任务，精确地阐述了一个项目的范围。

(A) 通用文档　(B) 分析报告　(C) 设计方案　(D) 规范标准

答案：(　　)

55. 除设计和实现上的限制外，范围规格一般不包括设计、构建、测试或工程项目管理的(　　)。

(A) 通用文档　(B) 细节　(C) 解决方案　(D) 规范标准

答案：(　　)

56. 信息系统工程项目范围规格说明书包括的主要内容有项目概述，一般限制，假设与相关性，(　　)，项目需求等。

(A) 通用文档　(B) 综合平衡　(C) 解决方案　(D) 用户界面

答案：(　　)

57. 项目需求主要包括项目必须执行的功能需求，非功能需求，(　　)，诊断需求，安全性需求，可维护性需求，可配置性需求，可扩展性和升级性需求，可测试性需求，安装性需求等。

(A) 通用需求　(B) 综合需求　(C) 接口需求　(D) 市场需求

答案：(　　)

58. (　　)是在项目范围管理阶段以项目为对象而编制的，是用于指导项目实施全过程中开展各项活动的技术、经济、组织和管理的综合性文件。

(A) 项目管理规划　(B) 综合需求　(C) 接口需求　(D) 市场需求

答案：(　　)

59. 项目管理规划作为指导项目管理工作的纲领性文件，应对项目管理的目标、内容、组织、资源、方法、程序和控制措施进行确定。它包括项目管理规划大纲和(　　)两类文件。

(A) 项目整体规划　(B) 项目综合规划

(C) 项目管理实施规划　(D) 市场规划

答案：(　　)

60. 项目管理规划的原则有目的性，系统性，动态性，(　　)等。

(A) 风险性　(B) 相关性　(C) 可行性　(D) 可能性

答案：(　　)

61. 项目管理规划大纲是项目管理工作中具有战略性、全面性和宏观性的指导文件，应由组织的(　　)或组织委托的项目管理单位编制。

(A) 项目经理部　(B) 上级主管单位　(C) 行政办公室　(D) 管理层

答案：(　　)

62. 编制项目管理规划大纲的程序包括明确项目目标，分析项目环境和条件，收集有关资料和信息，确定项目管理组织模式、结构和职责，明确项目管理内容，编制目标计划和资源计划，汇总整理，(　　)。

(A) 报有关部门审批　(B) 装订成册　(C) 归档　(D) 上交

答案：(　　)

63. 编制项目管理规划大纲的依据有可行性研究报告，设计文件、标准、规范与有关规定，招标文件及有关合同文件，相关市场信息与(　　)等。

(A) 新技术信息　(B) 最新科技成果　(C) 环境信息　(D) 发展趋势

答案：(　　)

64. 项目管理规划大纲的内容包括项目概况，项目管理(　　)，项目管理组织规划，以及项目管理知识领域各子系统规划。

（A）技术规划　（B）目标规划　（C）成果规划　（D）发展规划

答案：（ ）

65. 项目管理实施规划应对项目管理规划大纲进行细化，使其具有（ ）。项目管理实施规划应由项目经理组织编制。

（A）可行性　（B）可靠性　（C）安全稳定性　（D）可操作性

答案：（ ）

66. 项目管理实施规划可以用实施组织设计和（ ）代替，但应具备项目管理的内容，能够满足项目管理实施规划的要求。

（A）进度计划　（B）质量计划　（C）安全计划　（D）成本计划

答案：（ ）

67. 编制项目管理实施规划的程序包括了解项目相关各方的要求，分析项目条件和环境，熟悉相关的法规和文件，（ ），履行报批手续。

（A）熟悉进度计划　（B）熟悉质量计划

（C）组织编制　（D）熟悉成本计划

答案：（ ）

68. 编制项目管理实施规划的依据包括项目管理规划大纲，项目条件和环境分析资料，工程合同及相关文件，（ ）的相关资料。

（A）同类项目　（B）不同项目　（C）编制人员　（D）成本计划

答案：（ ）

69. 项目管理实施规划的内容有项目概况，总体工作计划，组织方案，实施方案，进度管理计划，质量管理计划，职业健康安全与环境管理计划，成本管理计划，资源需求计划，风险管理计划，信息管理计划，项目现场平面布置图，项目目标控制措施，（ ）等。

（A）工艺流程　（B）多项目综合平衡

（C）收尾管理　（D）技术经济指标

答案：（ ）

70. 承包人对项目管理实施规划的管理要求包括由项目经理组织编制，项目经理签字后报企业管理层审批，与各相关组织的工作协调一致，进行跟踪检查和（ ），项目结束后，形成总结文件。

（A）修改工艺流程　（B）必要的调整　（C）控制　（D）综合平衡

答案：（ ）

参考答案：

1. A　2. D　3. B　4. C　5. D　6. B　7. C　8. A　9. D　10. B

11. C　12. A　13. D　14. B　15. C　16. A　17. B　18. D　19. C　20. A

21. D　22. A　23. C　24. B　25. D　26. C　27. A　28. D　29. B　30. C

31. A　32. B　33. D　34. C　35. A　36. D　37. B　38. C　39. A　40. C

41. D　42. B　43. A　44. C　45. D　46. B　47. A　48. D　49. C　50. B

51. A　52. D　53. C　54. A　55. B　56. D　57. C　58. A　59. C　60. B

61. D　62. A　63. C　64. B　65. D　66. B　67. C　68. A　69. D　70. B

二、问答题

1. 什么是项目范围管理？项目范围管理的内容有哪些？
2. 论述项目工作分解结构(WBS)的作用、分解原则、步骤和编码方法。
3. 简述信息系统工程项目用户需求的特点和类型。
4. 信息系统工程项目用户需求调研的目标、任务、调查方法有哪些？
5. 造成用户需求偏离的主要原因有哪些？
6. 信息系统工程项目用户需求调研工作包括哪些方面？用户需求调研阶段性成果有哪些？
7. 什么是项目范围说明文件？信息系统工程项目范围规格说明书的主要内容有哪些？
8. 论述信息系统工程项目范围管理规划大纲编制的程序、依据和内容。
9. 论述信息系统工程项目范围管理实施规划编制的程序、依据和内容。

第4章 信息系统工程项目资源管理

复习重点

资源是人类用于生产产品或提供服务的知识、技能、物资、设备、能源、资金和社会关系等的总和。项目资源是指为实现项目目标需要投入的人力资源、材料设备、技术、能源、资金和公共关系资源等。项目资源管理是为确保投入项目使用的所有资源发挥其最佳效能的管理过程。它是项目管理的重要一环，包括项目人力资源管理、材料管理、机械设备管理、技术管理、资金管理、能源管理，以及公共关系资源等。工程项目资源管理的全过程包括项目资源的计划、配置、控制和处置。企业应建立和完善项目资源管理体系，建立资源管理制度、确定资源管理的责任分配和管理程序的建立，并做到管理的持续改进。即采用科学的方法，对项目资源进行有效的规划、积极地开发、准确地评估和合理地配置使用等方面的管理工作，以达到人尽其才、物尽其用。

工程项目管理中的公共关系资源主要是指项目涉及的众多社会(公共)关系。项目公共关系资源管理是指为确保工程项目的顺利进行，妥善处理好方方面面的公共关系的管理过程。它是项目资源管理的重要内容之一。信息系统工程项目公共关系资源管理措施包括在公司内部建立统一的公共关系管理平台、定期拜访制度和礼节的制度化，建立和保持公司与政府各部门及其他相关单位之间正式或非正式的沟通渠道，以保证工程建设过程中与项目相关各层次成员之间，公司与政府各部门、其他相关单位之间畅通的有效沟通。信息系统工程项目管理是以人为中心的管理，人力资源是最宝贵的资源。信息系统工程项目人力资源管理计划是通过科学的分析和预测，对项目实现过程中人力资源管理工作作出整体安排，以确保在环境变化的条件下，项目组织能够获得必要数量、质量和结构的员工，并使组织和个人都能够同等地得到利益，从而实现项目目标的过程。信息系统工程项目团队从组建到终止，是一个不断成长和变化的过程。该过程可以描述为五个阶段：组建阶段、磨合阶段、规范阶段、成效阶段和解散阶段。信息系统工程项目人力资源管理的主要任务是从项目的整体利益出发制订人力资源战略、建立人力资源管理制度、进行人力资源的优化配置。项目经理是项目的负责人，对项目的组织、计划、实施、控制全过程及项目产品负责，其能力、经验、个人魅力和专业技术水平对项目的成败起着关键作用。项目经理责任制是项目管理工作的基本制度，是实施和完成项目管理目标的根本保证，同时也是评价项目经理绩效的依据和基础。除了实际工作锻炼之外，对有培养前途的项目经理人选还应进行有针对性的培训。

一、选择题

1. (　　)是人类用于生产产品或提供服务的知识、技能、物资、设备、能源、资金和社会关系等的总和。
   (A) 系统　　(B) 项目　　(C) 资源　　(D) 领导决策

答案：(　　)

2. 项目资源管理是为确保投入项目使用的所有资源发挥其(　　)的管理过程。它包括项目人力资源管理、材料管理、机械设备管理、技术管理、资金管理、能源管理，以及公共关系资源等。

(A) 最佳效能　(B) 最佳功能　(C) 主要因素　(D) 领导决策

答案：(　　)

3. 工程项目资源管理的全过程包括项目资源的(　　)、配置、控制和处置。企业应建立和完善项目资源管理体系，建立资源管理制度、确定资源管理的责任分配和管理程序的建立。

(A) 设计　(B) 整合　(C) 使用　(D) 计划

答案：(　　)

4. 工程项目资源管理是采用科学的方法，对项目资源进行有效的规划、积极地开发、(　　)和合理地配置使用等方面的管理工作，以达到人尽其才、物尽其用。

(A) 新能源的利用　(B) 准确地评估　(C) 新技术的采用　(D) 计划的调整

答案：(　　)

5. 信息系统工程项目资源管理应按(　　)，编制资源配置计划，确定投入资源的数量与时间。

(A) 新能源利用方案　(B) 各种资源的特性

(C) 合同要求　(D) 资源投入和使用情况

答案：(　　)

6. 信息系统工程项目资源管理应根据(　　)，做好各种资源的供应工作。

(A) 资源配置计划　(B) 各种资源的特性　(C) 合同要求　(D) 资源投入和使用情况

答案：(　　)

7. 信息系统工程项目资源管理应根据(　　)，采取科学的措施，进行有效组合，合理投入，动态调控。

(A) 资源配置计划　(B) 各种资源的特性

(C) 合同要求　(D) 资源投入和使用情况

答案：(　　)

8. 信息系统工程项目资源管理应对(　　)进行定期分析，找出问题，总结经验并持续改进。

(A) 资源配置计划　(B) 各种资源的特性

(C) 合同要求　(D) 资源投入和使用情况

答案：(　　)

9. 项目资源计划也称为(　　)计划。它是确定为完成项目各项活动所需的资源种类和数量，包括人力资源、设备和材料、能源和资金等需求计划。

(A) 资源需求　(B) 资源特性　(C) 新能源需求　(D) 节能环保

答案：(　　)

10. 编制资源计划是依据项目范围规划和(　　)，确定项目各项活动所需资源的种类、投入数量、规格和时间的过程。

(A) WAS　(B) WCS　(C) WBS　(D) WDS

答案:(　　)

11. 项目资源计划的编制原则包括以 WBS 为主，结合项目进度计划编制资源计划；计划内容必须准确详细，数据来源要可靠；资源计划要有一定的(　　)。

(A) 可靠性　(B) 灵活性

(C) 稳定性　(D) 僵化和不适应

答案:(　　)

12. 工程项目运行过程中会遇到各种各样的风险，因而资源的需求也会发生相应的波动。在确定项目工作所需资源的同时，应考虑为应对风险而准备的应急资源，资源计划要避免费用管理的(　　)。

(A) 可靠性　(B) 灵活性

(C) 稳定性　(D) 僵化和不适应

答案:(　　)

13. 编制资源计划的依据包括工程承包合同及招投标文件，工作分解结构(WBS)，已完成工程项目的历史资料，(　　)，可供利用的资源情况，组织策略等。

(A) 项目范围规划　(B) 调节器

(C) 稳定器　(D) 不适应性原则

答案:(　　)

14. 在资源计划中需要考虑的重要问题包括具体任务的难度，可供使用的资源，组织以往的业绩，管理水平和技术能力，以及某些工作任务(　　)。

(A) 规划设计　(B) 综合平衡　(C) 外包的可能性　(D) 不适应性

答案:(　　)

15. 编制资源计划的方法主要有(　　)，多方案比选法，数学模型法等。

(A) 规划设计法　(B) 综合平衡法　(C) 螺旋系数法　(D) 专家评判法

答案:(　　)

16. 专家评判法是指由项目费用管理专家根据经验和判断，确定项目资源计划的方法。它主要有专家小组法和(　　)两种类型。

(A) 规划设计法　(B) 德尔菲法　(C) 螺旋系数法　(D) 德里特法

答案:(　　)

17. 德尔菲法是指由(　　)通过组织有关专家进行的资源需求估算，然后汇集专家意见，整理并编制出项目资源计划的方法。

(A) 一名协调者　(B) 上级主管单位　(C) 监理单位　(D) 建设单位

答案:(　　)

18. 项目资源管理计划包括建立(　　)制度，编制资源使用计划、供应计划和处置计划，规定控制程序和责任体系。

(A) 项目协调　(B) 公共关系管理　(C) 监理　(D) 资源管理

答案:(　　)

19. 资源管理计划依据(　　)、现场条件和项目管理实施规划编制。

(A) 项目协调制度　(B) 公共关系　(C) 资源供应条件　(D) 监理方案

答案:(　　)

20. 项目资源管理控制包括的内容有(　　)管理控制，材料管理控制，机械设备管理控制，技术管理控制，资金管理控制等。
(A) 项目协调　(B) 人力资源　(C) 项目沟通　(D) 监理监督
答案：(　　)

21. 项目资源管理(　　)是指通过对资源投入、使用、调整，以及计划与实际的对比分析，找出项目管理中存在的问题，并对其进行评价的管理活动。
(A) 协调　(B) 沟通　(C) 监理　(D) 考核
答案：(　　)

22. (　　)考核是指以劳务分包合同等为依据，对人力资源管理方法、组织规划、制度建设、团队建设、使用效率和成本管理等进行的分析和评价。
(A) 人力资源管理　(B) 项目技术　(C) 材料　(D) 机械设备
答案：(　　)

23. (　　)管理考核是指对材料计划、使用、回收以及相关制度进行的效果评价。它应坚持计划管理、跟踪检查、总量控制、节奖超罚的原则。
(A) 人力资源管理　(B) 项目技术　(C) 材料　(D) 机械设备
答案：(　　)

24. (　　)管理考核是指对项目机械设备的配置、使用、维护以及技术安全措施、设备使用效率和使用成本等进行的分析和评价。
(A) 人力资源管理　(B) 项目技术　(C) 材料　(D) 机械设备
答案：(　　)

25. (　　)管理考核是指对技术管理工作计划的执行、施工方案的实施、技术措施的实施、技术问题的处置，技术资料收集、整理和归档，以及技术开发、新技术和新工艺应用等情况进行的分析和评价。
(A) 人力资源管理　(B) 项目技术　(C) 材料　(D) 机械设备
答案：(　　)

26. (　　)管理考核应通过对资金分析工作，计划收支与实际收支对比，找出差异，分析原因，改进资金管理。
(A) 人力资源管理　(B) 材料　(C) 资金　(D) 机械设备
答案：(　　)

27. 工程项目管理中的公共关系资源主要是指项目涉及的众多社会(公共)关系。项目公共关系资源管理是指为确保工程项目的顺利进行，(　　)方方面面的公共关系的管理过程。
(A) 妥善处理好　(B) 自然形成　(C) 计算和汇总　(D) 人工形成
答案：(　　)

28. 信息系统工程项目最主要的公共关系包括(　　)，专业评测机构，专家委员会等。
(A) 公司行政部门　(B) 办公室
(C) 供应商　(D) 政府监管机构
答案：(　　)

29. 政府监管是指政府主管部门对工程项目的(　　)，这些部门包括发展和改革委员会、建设部、国土资源部、环境保护部、公安部、消防部、交通部、卫生部、城管、科技、信息主管部门等。

(A) 行政命令　　(B) 监督和管理　　(C) 开放和支持　　(D) 服务

答案:(　　)

30. 政府监管的特点有强制性，执法性，全面性，(　　)。

(A) 概念性　　(B) 理念性　　(C) 宏观性　　(D) 微观性

答案:(　　)

31. (　　)是信息系统工程建设市场中独立的第三方检测机构。它研究和开发专门的测试和评估手段和方法，掌握相关的测试设备和软件，聘用专业的评测人员，对信息系统工程项目中一些关键的工序、设备、系统进行专业的评测。

(A) 中介机构　　(B) 咨询机构

(C) 咨询顾问　　(D) 专业评测机构

答案:(　　)

32. 在信息系统工程建设日常的工作中，需要经常就有关问题与政府(　　)及其他相关单位进行沟通。沟通需要建立有效的沟通渠道，以及花费相当的时间和费用。

(A) 审批人员　　(B) 办公室人员　　(C) 官员　　(D) 首脑

答案:(　　)

33. 信息系统工程项目公共关系资源管理措施包括建立公共关系管理平台，建立沟通渠道和注意沟通方式，(　　)制度，礼节的制度化等。

(A) 送礼等级　　(B) 官员分级　　(C) 定期拜访　　(D) 礼品管理

答案:(　　)

34. 信息系统工程项目管理是(　　)的管理，人力资源是最宝贵的资源。信息系统工程项目建设要想取得成功必须要有充足的人力资源，以及对人力资源良好的管理。

(A) 人力资源　　(B) 以人为中心　　(C) 干部业绩考核　　(D) 人员职务

答案:(　　)

35. 信息系统工程项目人力资源管理的特点包括(　　)，具有很大的灵活性，管理难度高等。

(A) 限制条件多　　(B) 规章制度化

(C) 重视家庭背景　　(D) 强调团队建设

答案:(　　)

36. 信息系统工程项目人力资源管理的主要工作包括组织规划，(　　)，人力资源开发，管理项目成员的工作，团队建设等。

(A) 人员甄选　　(B) 人员淘汰　　(C) 调查家庭背景　　(D) 广泛交友

答案:(　　)

37. 人力资源开发包括培训、考核及(　　)等内容。

(A) 开会　　(B) 人员淘汰　　(C) 调查　　(D) 激励

答案:(　　)

38. 信息系统工程项目团队从组建到终止，是一个不断成长和变化的过程。该过程可以描述为五个阶段：组建阶段、磨合阶段、(　　)阶段、成效阶段和解散阶段。

(A) 甄选　　(B) 规范　　(C) 调查　　(D) 交友

答案:(　　)

39. 信息系统工程项目团队(　　)是团队发展进程的起始步骤，是个体成员转变为项目团队成员的过程，工作效率较低。

(A) 规范阶段　(B) 成熟阶段　(C) 组建阶段　(D) 磨合阶段

答案：(　　)

40. 信息系统工程项目团队(　　)的显著特点是团队成员之间不协调。一方面项目实施过程中的许多问题逐渐暴露了出来；另一方面成员之间互相还不了解，难以做到紧密配合、和谐相处。

(A) 规范阶段　(B) 成熟阶段　(C) 组建阶段　(D) 磨合阶段

答案：(　　)

41. 信息系统工程项目团队(　　)是团队经历磨合阶段之后，团队目标变得更加清楚，成员之间相互了解增多，相互理解、关心和友好，建立了标准的操作方法、规章制度和工作规范等。

(A) 规范阶段　(B) 成熟阶段　(C) 组建阶段　(D) 磨合阶段

答案：(　　)

42. 信息系统工程项目团队(　　)是经过组建、磨合和规范阶段的发展，团队成员的状态已达到了最佳水平，团队以最大的成效开展工作。团队精神和集体的合力在这一阶段得到了充分的体现。

(A) 规范阶段　(B) 成熟阶段　(C) 组建阶段　(D) 磨合阶段

答案：(　　)

43. 信息系统工程项目团队(　　)是随着信息系统工程项目的竣工验收，团队基本上完成了任务。这时，团队成员开始着手进行离开前的准备工作。

(A) 规范阶段　(B) 成熟阶段　(C) 组建阶段　(D) 解散阶段

答案：(　　)

44. 信息系统工程项目人力资源管理的主要任务是从项目的整体利益出发制订人力资源战略、建立人力资源管理制度、进行人力资源的(　　)。

(A) 重组　(B) 调查研究　(C) 优化配置　(D) 人员甄选

答案：(　　)

45. 项目人力资源战略是项目人力资源管理的总体规划。在日趋激烈的市场竞争中，项目人力资源战略与企业的经营战略及企业的(　　)密切相关，并支持企业的经营战略的实现。

(A) 文化战略　(B) 人事安排　(C) 生产流程　(D) 信息化水平

答案：(　　)

46. 项目人力资源战略有(　　)，投资式，参与式等几种类型。

(A) 家庭式　(B) 家族式　(C) 诱引式　(D) 义务式

答案：(　　)

47. (　　)人力资源战略主要是通过丰厚的薪酬制度去诱引和培养人才，从而形成一支稳定的高素质的项目组织成员队伍。为了控制人工成本，往往严格控制项目组织人员的数量。

(A) 参与式　(B) 诱引式　(C) 家族式　(D) 投资式

答案：(　　)

48. (　　)人力资源战略注重项目组织人员的开发和培训，注重培养良好的劳动关系。

(A) 参与式　(B) 诱引式　(C) 家族式　(D) 投资式

答案：(　　)

49. (　　)人力资源战略谋求项目组织人员有较大的决策参与机会和权力，使员工在工作中有自主权。

(A) 参与式　(B) 诱引式　(C) 家族式　(D) 投资式

答案：(　　)

50. 信息系统工程项目人力资源管理计划的制订原则包括灵活性原则，整体性原则，(　　)原则等。

(A) 参与　(B) 诱引　(C) 家族　(D) 双赢

答案：(　　)

51. 信息系统工程项目人力资源管理计划是通过科学的分析和预测，对项目实现过程中人力资源管理工作做出(　　)安排，以确保项目组织能够获得必要数量、质量和结构的员工。

(A) 局部　(B) 项目计划　(C) 整体　(D) 家族

答案：(　　)

52. 信息系统工程项目人力资源管理计划过程包括制订组织规划，编制人力资源管理计划，制订项目人员(　　)等。

(A) 局部计划　(B) 配备计划　(C) 整体计划　(D) 分项计划

答案：(　　)

53. 信息系统工程项目人力资源管理计划的首要任务是制订(　　)，包括组织结构选择、确定各单位的分工协作及报告关系，确定集权与分权程度及权力分配方案。

(A) 组织规划　(B) 配备计划　(C) 整体规划　(D) 分项规划

答案：(　　)

54. 信息系统工程项目人力资源管理计划制订的方法有很多，如运筹学法、(　　)、追加计划法等。

(A) 统计汇总法　(B) 数学分析法　(C) 滚动计划法　(D) 几何规划法

答案：(　　)

55. 滚动计划法是一种定期修订计划的方法。其编写方法是用近细远粗的方法制订计划，经过一段固定的时期，如一年或半年等，这段固定的时期被称为(　　)，然后根据变化了的环境条件和计划的执行情况，对原计划进行修订，并根据同样的原则逐期滚动。

(A) 统计期　(B) 分析期　(C) 迭代期　(D) 滚动期

答案：(　　)

56. 制订信息系统工程项目人员(　　)主要是根据项目范围计划、项目进度计划和组织规划，预测出项目在整个实施过程中各时间段所需要的各类人员数量，并及时对人员的获得和调整作出安排。

(A) 统计规划　(B) 配备计划　(C) 审计计划　(D) 福利待遇

答案：(　　)

57. 人员配备计划工作主要包括(　　)和选配人员两项任务。

(A) 统计规划　(B) 职务安排　(C) 工作分析　(D) 明确待遇

答案：(　　)

58. 信息系统工程人员配备计划的首要工作是工作分析。工作分析是通过分析和研究来确定项目组织中角色、任务、职责等内容的一项工作。它的最终成果是形成工作说明书与(　　)。

(A) 工作规范　(B) 工作流程　(C) 工作顺序　(D) 选配人员

答案：(　　)

59. 信息系统工程项目组织(　　)工作是根据工作说明书和工作规范，对每个岗位所需人员的获得及配备作出具体安排。

(A) 工作规范　(B) 工作流程　(C) 工作顺序　(D) 选配人员

答案：(　　)

60. (　　)是指企业法定代表人在信息系统工程项目实施过程中的授权委托代理人，对项目的组织、计划、实施、控制全过程及项目产品负责。

(A) 技术负责人　(B) 项目经理　(C) 技术总监　(D) 项目代表

答案：(　　)

61. 项目经理是法人代表在该项目上的全权委托代理人，是项目负责人，全面组织(　　)的工作。

(A) 工程技术部　(B) 项目维护　(C) 项目经理部　(D) 项目人事

答案：(　　)

62. 在信息系统工程项目的建设过程中项目经理的作用主要有(　　)，沟通作用，组织作用，计划作用，控制作用，协调作用等。

(A) 领导作用　(B) 项目维护作用

(C) 培训作用　(D) 安全保卫作用

答案：(　　)

63. (　　)是项目管理工作的基本制度，是实施和完成项目管理目标的根本保证，同时也是评价项目经理绩效的依据和基础。

(A) 项目经理制度　(B) 项目经理责任制

(C) 经理培训制　(D) 项目经理轮换制

答案：(　　)

64. 项目经理责任制的核心是贯彻实施项目管理(　　)，其具体内容包括项目经理的职责、权限、利益与奖罚。

(A) 制度　(B) 经理责任制　(C) 职业经理人制度　(D) 目标责任书

答案：(　　)

65. (　　)应由法定代表人任命，并根据法定代表人授权的范围、时间和内容，对项目实施全过程、全方位的管理。

(A) 职业经理人　(B) 投标代表

(C) 项目经理　(D) 项目团队人员

答案：(　　)

66. 项目经理应具备的素质要求主要有具备项目管理要求的能力，有相应的项目管理经验、业绩、专业技术，以及有管理、经济、法律和法规知识，良好的(　　)和团队精神，身体健康，精力充沛。

(A) 设计能力　(B) 职业道德　(C) 计算能力　(D) 家庭背景

答案：(　　)

67. 编制项目管理目标责任书的依据有项目的合同文件，组织的项目管理制度，项目管理(　　)，组织的经营方针和目标。

(A) 规划大纲　(B) 知识范畴

(C) 能力　(D) 职业资格证书

答案：(　　)

68. 项目经理是项目的关键核心人物，对项目的成败起重要作用，而信息系统工程是一种技术含量高、概念新、发展快的高科技项目，因此信息系统工程项目经理必须懂管理、懂技术、懂经济、(　　)。

(A) 有魄力　(B) 懂政治　(C) 有能力　(D) 懂法律

答案：(　　)

69. 信息系统工程项目经理人才培训方式有(　　)和脱产培训两种。

(A) 远程教育　(B) 在职培训　(C) 电视教育　(D) 短期培训

答案：(　　)

70. 挑选项目经理的原则和考虑的因素包括候选人的能力，候选人的(　　)，候选人的领导才能，候选人应付压力的能力。

(A) 写作能力　(B) 讲演才能　(C) 敏感性　(D) 权威性

答案：(　　)

参考答案：

1. C	2. A	3. D	4. B	5. C	6. A	7. B	8. D	9. A	10. C
11. B	12. D	13. A	14. C	15. D	16. B	17. A	18. D	19. C	20. B
21. D	22. A	23. C	24. D	25. B	26. C	27. A	28. D	29. B	30. C
31. D	32. A	33. C	34. B	35. D	36. A	37. D	38. B	39. C	40. D
41. A	42. B	43. D	44. C	45. A	46. C	47. B	48. D	49. A	50. D
51. C	52. B	53. A	54. C	55. D	56. B	57. C	58. A	59. D	60. B
61. C	62. A	63. B	64. D	65. C	66. B	67. A	68. D	69. B	70. C

二、问答题

1. 什么是项目资源、项目资源管理？项目资源管理程序有哪些内容？
2. 论述项目资源计划编制的原则、方法，以及项目资源管理计划的内容。
3. 简述信息系统工程项目资源管理的特点、内容及其团队建设的阶段划分。
4. 信息系统工程项目最主要的公共关系有哪些？
5. 信息系统工程项目公共关系资源管理措施有哪些？
6. 论述信息系统工程项目人力资源管理计划制订的原则、过程。
7. 论述信息系统工程项目人员配备计划的内容和制订方法。
8. 论述项目经理的地位、作用和主要任务。
9. 什么是信息系统工程项目经理责任制？项目经理有哪些责、权、利？
10. 信息系统工程项目经理的知识结构要求有哪些？如何培养和怎样挑选项目经理？

第5章 信息系统工程项目质量管理

复习重点

信息系统工程质量反映的是项目对目标的需求及需求满足的程度。项目质量管理是指保证项目满足其需求所要实施的过程。项目质量管理通过制订质量方针、建立质量目标和标准，并在项目生命期内持续使用质量计划、质量控制、质量保证和质量改进等措施来落实质量方针的执行，确保质量目标的实现，最大限度地使用户满意。许多通用的工具和技术可以用于信息系统工程的质量控制，如鱼刺图是帮助发现质量问题的根本原因；帕累托图是帮助确认引发大多数质量问题的最重要的几个因素；统计抽样帮助确定在进行总体分析时，所需的实际样本数；标准误差表示测量数据分布中存在多少偏差；控制图通过对非随机数据的及时显示来保持过程处于控制之中；6σ 帮助许多公司减少有缺陷项的个数等。

在信息系统工程项目实施过程中，为保证工程质量，应建立一套完善的质量控制体系，设置关键的质量控制点，并通过若干质量控制技术与手段，发现问题及时修正。全面质量管理的工作方法是“计划—执行—检查—处理”一套工作循环，简称 PDCA 循环。质量管理程序按项目的目标管理可以分为工程开工、进度管理程序，质量监测工作程序，计量与支付程序，合同管理工作程序，信息管理工作程序，工程竣工验收程序等。信息系统工程项目质量控制的主要措施有组织措施，技术措施，经济措施和合同措施等。质量事前控制的目的是在工程实施开始之前，就把工程质量问题放在一切工作的首位，并采取相应的措施，确保工程质量第一。质量事中控制是指项目实施过程中的质量控制，主要由项目经理、质量师或质量检查员和监理方负责，必要时会同质检站共同开展工作。质量事后控制是指项目竣工验收后质保期的质量控制。软件质量特性由其二级质量特性所决定。软件开发质量控制的主要任务是规范用户需求，协调和解决用户与程序员之间的争议，减少重复、无效劳动，充分发挥每个开发者的能力，提高软件开发的效率，降低开发成本，提高计划和管理质量。软件开发质量控制应贯穿于项目开发实施的全过程。

一、选择题

1. 质量是反映产品或服务满足(　　)需求能力的特征和特性的总和。产品或服务是质量的主体。所谓质量，一是必须符合规定要求，二是要满足用户期望。

   (A) 明确　　(B) 隐含　　(C) 资源　　(D) 明确或隐含

   答案：(　　)

2. 产品质量是指产品满足人们在生产及生活中所需的(　　)。它们体现为产品的内在和外观的各种质量指标。

   (A) 使用价值及其属性　　(B) 使用价值

   (C) 产品属性　　(D) 外观形状特性

答案：(　　)

3. 根据质量的定义，可以从两个方面理解产品质量。第一，产品质量的好坏是根据产品所具备的质量特性能否满足人们的需求及满足程度来衡量的。第二，产品质量具有(　　)。

(A) 观赏性　(B) 相对性　(C) 绝对性　(D) 动态性

答案：(　　)

4. 信息系统工程项目质量包括工程项目(　　)这两类特殊产品的质量。

(A) 内在和观赏　(B) 相对和绝对　(C) 实体和服务　(D) 静态和动态

答案：(　　)

5. 信息系统工程项目(　　)作为一种综合加工的产品，其质量是指工程项目产品适合于规定的用途，满足人们要求其所具备的质量特性的程度。

(A) 虚拟性　(B) 相对性　(C) 服务　(D) 实体

答案：(　　)

6. (　　)是一种无形的产品，其质量是指企业在信息系统工程项目推销前、销售时、售后服务过程中满足用户要求的程度。其质量特性依服务业内不同行业而异，但一般均包括服务时间、服务能力、服务态度等。

(A) 虚拟性　(B) 相对性　(C) 服务　(D) 实体

答案：(　　)

7. (　　)是指参与信息系统工程项目的建设者，为了保证工程质量所从事工作的水平和完善程度。

(A) 工作质量　(B) 相对质量　(C) 产品质量　(D) 实体质量

答案：(　　)

8. 项目质量管理是指保证项目满足其需求所要实施的过程。项目质量管理通过制订质量方针、建立质量目标和标准，并在项目生命期内持续使用质量计划、(　　)、质量保证和质量改进等措施来落实质量方针的执行，确保质量目标的实现，最大限度地使客户满意。

(A) 安全系统　(B) 质量控制　(C) 质量对策　(D) 质量设计

答案：(　　)

9. 产品质量不仅要满足明确的需求或规范，而且要满足客户(　　)的需求。

(A) 相对　(B) 变更　(C) 动态　(D) 隐含

答案：(　　)

10. 工程项目质量管理的程序包括进行质量策划，确定质量目标，编制质量计划，实施质量计划，总结项目质量管理工作，提出(　　)的要求。

(A) 更高　(B) 期望　(C) 持续改进　(D) 隐含

答案：(　　)

11. (　　)也称为石川图。它是指由有关质量问题的投诉追溯到负有责任的生产行为，以发现发生质量问题的根本原因。它类似于鱼的骨骼，因而得名。

(A) 帕累托分析　(B) 标准误差　(C) 可信度因子　(D) 鱼刺图

答案：(　　)

12. (　　)是指确认造成系统质量问题的诸多因素中最为重要的几个因素。它有时称为80—20 法则，意思是 80% 的问题经常是由于 20% 的原因引起的。

（A）帕累托分析　（B）标准误差　（C）可信度因子　（D）鱼刺图

答案：（　）

13. 统计抽样和标准差是项目质量管理中的一个重要概念。这些概念包括统计抽样，（　），标准差和变异性。

（A）帕累托分析　（B）标准误差　（C）可信度因子　（D）鱼刺图

答案：（　）

14. 在统计学中，与质量控制相关的另一个关键概念是（　）。它表示测量数据分布中存在多少偏差。用希腊符号 σ 来代表标准误差，即用 σ 来衡量一个总数里标准误差的统计单位。

（A）帕累托分析　（B）标准误差　（C）可信度因子　（D）鱼刺图

答案：（　）

15. 项目过程的结果随时间变化的图形表示叫做（　），用于确定过程是否在控制之中。它可以用来监控任何类型的输出变量，包括监控费用和进度的偏差、范围变化的数值和频度、文档中的错误等。

（A）反馈图　（B）因果关系图　（C）控制图　（D）波形图

答案：（　）

16.（　）可以使人们了解到一个过程是在控制之中还是失去了控制。过程结果中的变化是由非随机事件产生的，一旦失去控制，首先要分析非随机事件的起因，然后采取措施来消除这些起因。

（A）质量控制图　（B）因果关系图　（C）横道图　（D）方波图

答案：（　）

17. 质量控制的（　）指出，在质量控制图中如果一排中的七个数据点都在平均值下面、都在平均值上面、都在上升或下降，那么需要检查这个过程是否有非随机问题。

（A）七点控制法则　（B）因果关系法则

（C）七点统计法则　（D）七点运行法则

答案：（　）

18. 工程项目的质量问题有一个产生和形成的过程，该过程中的每一个环节都会影响其整体质量的好坏。它涉及与项目建设相关的许多单位和个人，其中承包人（　）的工作质量至关重要。

（A）行政部门　（B）主管部门　（C）项目团队人员　（D）规划设计

答案：（　）

19. 信息系统工程项目的质量控制按其控制的主体可以分为发包人的质量控制，承包人的质量控制和政府的质量控制。其中发包人的质量控制通过（　）的形式实现。

（A）计算机管理　（B）委托社会监理　（C）监控系统　（D）投资管理

答案：（　）

20. 在信息系统工程项目实施过程中，承包人的质量控制靠承包人的质量（　）来实现；政府的质量控制则通过行政主管部门及各级质监站来实现。

（A）自检体系　（B）监理工程师

（C）监控系统　（D）管理计划方案

答案：（　）

21. 政府监管、社会监理、企业自检是构成严密、完整、有机的工程(　　)必不可少的三个环节。

(A) 自检体系　(B) 监督管理　(C) 质量保证体系　(D) 质量管理

答案：(　　)

22. 在信息系统工程项目实施过程中，(　　)处于龙头主导地位，政府制定的各种质量标准、规范，以及各级质监站有效的监管作用，可以使工程质量保证体系有序、高效地运作。

(A) 企业自检　(B) 政府监管　(C) 检验　(D) 社会监理

答案：(　　)

23. 在信息系统工程项目实施过程中，(　　)处于信息系统工程管理体制中的核心地位，依据合同、标准和规范，利用发包人授予的权力，对工程项目实施不间断的、全过程的、全方位的质量控制。

(A) 企业自检　(B) 政府监管　(C) 检验　(D) 社会监理

答案：(　　)

24. 在信息系统工程项目实施过程中，事物变化的主因是内因，外因只是促使事物变化的条件。因此，实行项目承包人(　　)是实现工程项目质量目标的必要条件。

(A) 企业自检　(B) 政府监管　(C) 检验　(D) 社会监理

答案：(　　)

25. 信息系统工程项目质量管理的重点应从工程项目实施后的(　　)转移到实施前和实施中的控制和指导，贯彻预防为主的原则。

(A) 企业自检　(B) 政府监管　(C) 检验　(D) 社会监理

答案：(　　)

26. 信息系统工程项目的质量随着客观条件而变化，是一个动态的概念，必须加强(　　)，把可能出现质量问题的隐患消灭在其形成的过程之中。

(A) 企业自律　(B) 系统监管　(C) 静态控制　(D) 动态控制

答案：(　　)

27. 质量控制实际上主要是监控项目(　　)，通过分析产生质量问题的原因，制订相应的措施来消除导致不符合质量标准的因素，确保项目质量得以持续、不断地改进。

(A) 承包人　(B) 活动的进程和结果

(C) 项目团队人员　(D) 现场活动

答案：(　　)

28. 质量控制活动包括保证由内部或外部机构进行的(　　)，发现与质量标准的差异，消除成果或过程中不能满足性能要求的因素。

(A) 项目沟通　(B) 规划设计

(C) 监测管理　(D) 审查质量标准

答案：(　　)

29. 质量控制活动包括(　　)，以确定可能达到的质量目标及为此需要支付的质量成本，并评价其费用效率，必要时可以修订质量标准或项目目标。

(A) 项目沟通　(B) 规划设计

(C) 监测管理　(D) 审查质量标准

答案：(　　)

30. 信息系统工程项目质量的好坏是由人的工作质量决定的，要管好工程质量首先必须管好(　　)。

(A) 人的工作质量　(B) 承包人　(C) 项目团队人员　(D) 现场活动

答案：(　　)

31. 信息系统工程项目承包人通过自身健全、有效的质量保证体系，参加工程项目建设的各类人员严格履行(　　)，实施有效的质量控制，才能使工程质量得到保证。

(A) 劳动合同　(B) 规章制度
(C) 法律法规　(D) 质量保证职责

答案：(　　)

32. 信息系统工程项目质量是在项目实施过程中形成的。它涉及承包人的各个部门、各个环节的工作质量，因而要求通过各个部门、各个环节的工作质量来保证(　　)。

(A) 劳动合同的贯彻 (B) 规章制度的执行 (C) 整个工程质量　(D) 质量职责

答案：(　　)

33. (　　)负有创建和贯彻有效的质量计划的责任，推行现代质量管理的概念、教育和培训，创造一个有助于提高工程质量的环境，不断地强调要严格使用质量标准，并提供资源来帮助提高项目质量。

(A) 标准化主管师　(B) 项目经理
(C) 质量师和质量检查员　(D) 开发、设计人员

答案：(　　)

34. 项目(　　)的质量责任主要是贯彻企业现代质量管理的方针和目标，执行质量体系文件的各项有关规定和要求，确保设计工作始终处于受控状态，确保设计满足质量要求。

(A) 标准化主管师　(B) 项目经理
(C) 质量师和质量检查员　(D) 开发、设计人员

答案：(　　)

35. 项目(　　)配合项目经理开展质量管理工作，其主要职责和权利是制订本项任务的质量工作计划，并贯彻实施；负责对工程任务的全过程的质量活动进行监督检查，参与重要的质量活动。

(A) 标准化主管师　(B) 项目经理
(C) 质量师和质量检查员　(D) 开发、设计人员

答案：(　　)

36. 项目(　　)由标准化工作人员兼任，负责贯彻国家有关标准和企业的质量方针、目标，制订标准化大纲并监督其贯彻实施，负责方案设计、图纸和其他技术文件的标准化的审查。

(A) 标准化主管师　(B) 项目经理
(C) 质量师和质量检查员　(D) 开发、设计人员

答案：(　　)

37. 全面质量管理的工作方法是“计划—执行—检查—处理”一套工作循环，简称(　　)循环。

(A) PDCB　　(B) PDCA　　(C) YDCA　　(D) PBCA

答案：(　　)

38. PDCA 循环的特点是四个阶段，缺一不可；大环套小环，一环扣一环；循环转动，周而复始，连续不断；在循环中提高，(　　)；符合“实践—认识—再实践—再认识”的认识论规律。

(A) 直线上升　　(B) 螺旋下降　　(C) 圆圈循环　　(D) 逐级上升

答案：(　　)

39. 信息系统工程项目质量管理与单纯的工程(　　)不一样。它不仅仅是最后的检验，而是对项目实施全过程的质量控制。前项工程或工序未经检查认可，后项工程或工序不准进行。

(A) 规划设计　　(B) 实施程序　　(C) 质量验收　　(D) 质量分解

答案：(　　)

40. 工程项目质量控制要求包括受控状态，三检制，(　　)，工程预检，工作计划控制，开工申请报告，技术质量通知单，子系统自检测试报告和质量检查签证，中间计量，初步验收，竣工验收等。

(A) 工作分解　　(B) 质量样板制　　(C) 质量编码　　(D) 质量分解

答案：(　　)

41. 工程项目质量控制要确保直接影响项目质量的设计、采购、安装、调试、检测、试运行和使用维护过程(　　)。

(A) 三检制　　(B) 工程预检

(C) 质量样板制　　(D) 处于受控状态

答案：(　　)

42. 在信息系统工程项目实施过程中，各实施班组要严格执行实施过程中的(　　)，即严格执行自检、互检、专检制度，实施过程中要做到“以预防为主”，将质量隐患消灭在实施过程中。

(A) 三检制　　(B) 工程预检

(C) 质量样板制　　(D) 处于受控状态

答案：(　　)

43. 在信息系统工程项目实施过程中，各实施班组要严格遵守(　　)，在全面开展项目实施前，组织技术熟练的实施人员按实施方案、图纸和实施规范进行典型分项工程的操作示范。

(A) 三检制　　(B) 工程预检

(C) 质量样板制　　(D) 处于受控状态

答案：(　　)

44. (　　)主要是对实施前或实施过程中的重要技术工作、部位进行检查或核实。一般，工程部位由班组长负责，项目质量师参加签署检查意见。

(A) 三检制　　(B) 工程预检

(C) 质量样板制　　(D) 处于受控状态

答案：(　　)

45. 工程项目(　　)方法要求对每一项任务制订详细周到的工作计划，划分工作阶段，规定每一阶段的工作任务、质量要求及控制措施和验证方法等。

(A) 工作计划控制　(B) 技术质量通知单
(C) 开工申请报告　(D) 子系统自检测试报告

答案：(　)

46. 工程项目承包人在正式进场开工之前，应向发包人和监理单位提交工程(　)，并由项目总监理工程师进行审批。承包人获得总监理工程师签发的“开工令”以后，才能正式进场开工。

(A) 工作计划控制　(B) 技术质量通知单
(C) 开工申请报告　(D) 子系统自检测试报告

答案：(　)

47. 质量师或质量检查员发现违反实施程序，不按设计图纸和规范规程实施，材料、半成品和设备不符合质量要求时，首先要向项目经理反映，限期解决，如影响到实施质量时应填写(　)。

(A) 工作计划控制　(B) 技术质量通知单
(C) 开工申请报告　(D) 子系统自检测试报告

答案：(　)

48. 当信息系统工程项目的分部工程(子系统)完工后，质量师或质量检查员应再进行一次分部工程的自检，归总各个分项工程或工序的检查记录、测量和抽样试验的结果，提交(　)。

(A) 工作计划控制　(B) 技术质量通知单
(C) 开工申请报告　(D) 子系统自检测试报告

答案：(　)

49. 子系统自检测试报告提交监理方检查合格后，由监理签发(　)或签发子系统竣工验收合格证。整个项目只要有一项子系统工程检验不合格，就不得进行整个工程项目的竣工验收。

(A) 竣工验收　(B) 质量总结报告
(C) 子系统质量检查签证　(D) 初步验收

答案：(　)

50. (　)是单位工程在正式验收前的一次全面检查，对存在的问题没有全部解决前，不得报请项目正式验收。

(A) 竣工验收　(B) 质量总结报告
(C) 子系统质量检查签证　(D) 初步验收

答案：(　)

51. (　)是在修复初步验收存在的问题的基础上，由项目经理报请发包人、监理方进行交付使用前的正式验收。

(A) 竣工验收　(B) 质量总结报告
(C) 子系统质量检查签证　(D) 初步验收

答案：(　)

52. (　)泛指项目实施过程中存在的质量问题。由于各种因素的干扰，在项目实施过程中，它的出现有时是难免的，但可以尽可能减少。

(A) 项目不合格　(B) 质量缺陷　(C) 质量事故　(D) 质量误差

答案：(　　)

53. 工程项目在项目实施期间出现了技术规范所不允许的较严重的质量缺陷时，应视为(　　)。

(A) 项目不合格　(B) 质量缺陷　(C) 质量事故　(D) 质量误差

答案：(　　)

54. 信息系统工程项目质量控制的主要措施有组织措施，技术措施，(　　)，合同措施等。

(A) 系统检测　(B) 质量返工　(C) 缺陷修补　(D) 经济措施

答案：(　　)

55. 工程项目质量控制的主要方法包括(　　)，观察检查，检测，质量技术签证，建立质量日志，组织现场质量协调会，定期向发包人和监理方报告有关工程动态质量情况。

(A) 系统维护　(B) 质量返工　(C) 合同评审　(D) 劳逸结合

答案：(　　)

56. 工程项目质量(　　)的目的是在工程实施开始之前，就把工程质量问题放在一切工作的首位，并采取相应的措施，确保工程质量第一。

(A) 事前控制　(B) 检测返工　(C) 事中控制　(D) 事后控制

答案：(　　)

57. 工程项目质量(　　)是指项目实施过程中的质量控制，主要由项目经理、质量师或质量检查员和监理方负责，必要时会同质检站共同开展工作。

(A) 事前控制　(B) 检测返工　(C) 事中控制　(D) 事后控制

答案：(　　)

58. 工程项目质量(　　)是指项目竣工验收后质保期的质量控制。它包括日常维护、定期检查，恶劣天气检查，以及保修工作等。

(A) 事前控制　(B) 检测返工　(C) 事中控制　(D) 事后控制

答案：(　　)

59. 在信息系统工程项目实施过程中，凡被下一道工序掩盖的(　　)，应全部组织检查验收，合格后办理签证，然后才允许进行下道工序的实施。

(A) 施工准备　(B) 隐蔽工程　(C) 交叉施工　(D) 渗透工程

答案：(　　)

60. 常见的隐蔽工程包括地下管网，(　　)，桥架缆线敷设，地极敷设，夹层内设备器具安装等。

(A) 暗配管穿线　(B) 架空作业　(C) 交叉施工　(D) 渗透工程

答案：(　　)

61. 软件工程属于信息系统工程的范畴。软件质量是指与软件产品满足规定和隐含的需求的能力及有关的特征的全体，即所有描述计算机软件优秀程度的特性的组合，包含产品质量和(　　)两方面内容。

(A) 模拟质量　(B) 虚拟质量　(C) 文档质量　(D) 工作质量

答案：(　　)

62. 软件质量由两方面的内容组成，(　　)和工作质量。前者是指产品的使用价值及其属性；后者是产品质量的保证，反映了与产品质量直接有关的工作对产品质量的保证程度。

(A) 模拟质量　(B) 虚拟质量　(C) 产品质量　(D) 使用质量

答案:(　)

63. 软件产品质量依赖于软件开发的需求管理、解决方案的建模设计、可执行程序编码的产生以及为发现错误而进行的(　)。

(A) 模拟仿真　(B) 软件测试　(C) 产品操作　(D) 功能控制

答案:(　)

64. 软件生存期模型有瀑布模型、演化模型、螺旋模型、喷泉模型和智能模型等。目前,较常用的软件开发方法采用(　)与生命期法相结合的综合方法。

(A) 原型法　(B) 测试法　(C) 模拟法　(D) 仿真法

答案:(　)

65. 软件开发应按照中华人民共和国计算机软件工程规范进行,工作内容包括用户需求分析、概要设计、(　)、编码开发、测试和维护、客户培训计划、相应计划执行情况、阶段评审结果等。

(A) 原型设计　(B) 测试设计　(C) 模拟设计　(D) 详细设计

答案:(　)

66. 软件质量特性是面向管理的观点,或者说是从使用观点引入的。为了引进(　),必须将这些面向管理的特性转化为与软件有关的因素,即软件质量特性是由二级质量特性所决定的。

(A) 性能量纲　(B) 测试量纲　(C) 定量量纲　(D) 定性量纲

答案:(　)

67. 软件二级质量特性的内容包括精确性,健壮性,安全性,通信有效性,处理有效性,设备有效性,可操作性,培训性,完备性,一致性,可追踪性,可见性,(　),软件系统无关性,可扩充性,简单性,公用性,模块性,清晰性,自描述性,结构性,产品文件完备性等。

(A) 量纲性　(B) 硬件系统无关性　(C) 模拟性　(D) 功能性

答案:(　)

68. (　)是一门研究如何用系统化、规范化、数量化等工程原则和方法去进行软件的开发和维护的学科。它采用传统工程的概念、原理、技术和方法来开发与维护软件。

(A) 软件工程　(B) 硬件工程　(C) 模拟工程　(D) 系统工程

答案:(　)

69. 软件工程活动主要包括问题定义、可行性研究、需求分析、设计、实施、测试、支持等活动,其主要目标是(　)、正确性和合算性。

(A) 可重复性　(B) 可迭代性　(C) 可分解性　(D) 可用性

答案:(　)

70. 软件工程的四条基本原则包括选取适宜的(　),采用合适的设计方法,提供高质量的工程支持,重视开发过程的管理。

(A) 基本路线　(B) 迭代图形　(C) 开发模型　(D) 开发数据

答案:(　)

71. 评价应用软件系统开发成功的主要指标包括功能达到用户需求,软件(　)质量特性良好，开发成本和维护费用较低，能及时交付使用等。

（A）一级　　（B）二级　　（C）三级　　（D）五级

答案：(　　)

72. 软件开发质量控制的主要任务是规范用户需求，协调用户与程序员之间的争议，减少重复、无效劳动，充分发挥开发者的能力，提高软件开发的效率，降低开发成本，提高计划和(　　)等。

（A）功能要求　　（B）可视性　　（C）虚拟性　　（D）管理质量

答案：(　　)

73. 软件开发质量控制措施主要包括组建一个精干、高效的开发小组，按照(　　)规则分阶段进行开发，建立软件开发的质量保证体系，根据软件开发各个阶段的进展情况投入足够的资源。

（A）软件工程　　（B）逻辑化　　（C）虚拟化　　（D）管理工程

答案：(　　)

74. 软件开发对用户需求的质量控制要求对用户需求报告进行仔细的检查。检查内容包括有效性检查，一致性检查，(　　)，现实性检查，可检验性检查，可跟踪性检查，可调节性检查和可读性检查等。

（A）虚拟性检查　　（B）逻辑性检查　　（C）完备性检查　　（D）管理性检查

答案：(　　)

75. 软件开发项目设计阶段可交付的成果包括概要设计文档、图纸，总体方案设计说明书，数据库设计说明书，用户手册，(　　)，软件编码规范，软件模块、组合、系统测试计划和方案。

（A）虚拟设计图　　（B）详细设计说明书（C）完备性结构图　　（D）管理手册

答案：(　　)

参考答案：

1. D　2. A　3. B　4. C　5. D　6. C　7. A　8. B　9. D　10. C
11. D　12. A　13. C　14. B　15. C　16. A　17. D　18. C　19. B　20. A
21. C　22. B　23. D　24. A　25. C　26. D　27. B　28. C　29. D　30. A
31. D　32. C　33. B　34. D　35. C　36. A　37. B　38. D　39. C　40. B
41. D　42. A　43. C　44. B　45. A　46. C　47. B　48. D　49. C　50. D
51. A　52. B　53. C　54. D　55. C　56. A　57. C　58. D　59. B　60. A
61. D　62. C　63. B　64. A　65. D　66. C　67. B　68. A　69. D　70. C
71. B　72. D　73. A　74. C　75. B

二、问答题

1. 什么是质量、产品质量、工作质量和信息系统工程项目质量？
2. 什么是项目质量管理？项目质量管理程序有哪些？
3. 信息系统工程项目质量管理技术有哪些？
4. 简述信息系统工程项目全面质量管理及质量管理程序。
5. 简述项目质量缺陷与事故处理。

6. 简述信息系统工程项目质量控制措施。
7. 如何定义软件质量特性？软件工程的四条基本原则是什么？
8. 简述软件开发的质量控制措施及控制要点。

第6章 信息系统工程项目进度管理

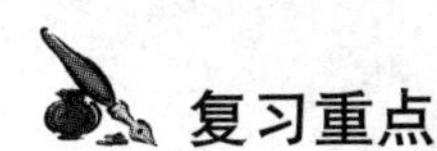

复习重点

科学、周密地制订项目计划、安排好工作进度，并在实施中进行有效的控制，以期能顺利地实现预定目标，这直接关系到项目效益的发挥和工程质量的保障。项目进度管理是为了确保项目最终按时完成的一系列管理过程。企业应建立项目进度管理体系，制订进度管理目标。项目进度管理目标应按项目实施过程、专业、阶段或实施周期进行分解。信息系统工程项目进度计划可以用摘要、详细说明、表格或图表等多种方式表示，其中较为直观、清晰的图表方式有横道图、里程碑图和网络图。

影响信息系统工程项目实施进度的因素很多，如工程技术、组织协调、气候条件、政治原因、人为因素、物资供应、建筑物体情况等。信息系统工程项目进度控制的主要措施有组织措施、技术措施、经济措施和合同措施。信息系统工程项目实施进度计划包括总体进度计划，年度和月(季)进度计划，关键工程进度计划三类。对进度计划进行检查与调整应依据进度计划的实施记录。进度计划检查应按统计周期的规定进行定期检查，以及根据需要进行不定期检查。信息系统工程项目实施过程中的进度控制包括事前控制、事中控制和事后控制。信息系统工程项目进度控制的流程是一个不断重复的过程，直至工程项目实施完成。软件工程属于信息系统工程项目的范畴，其开发进度控制是指在规定的时间内，拟定出合理且经济的项目进度计划，在执行项目进度计划的过程中，要经常检查软件开发的实际进度是否按计划要求进行，若出现偏差，要及时找出原因，采取必要的补救措施或调整、修改原计划，直至项目完成。

一、选择题

1. (　　)是指工程项目或合同段实施所需的时间。

(A) 工期　　(B) 目标　　(C) 延误　　(D) 延误工期

答案：(　　)

2. (　　)是指实施中实际进度与计划进度相比较的拖延或耽误。

(A) 工期　　(B) 目标　　(C) 延误　　(D) 延误工期

答案：(　　)

3. (　　)是指工程项目所需的时间超过计划或合同规定的竣工时间，简称为误期。

(A) 工期　　(B) 目标　　(C) 延误　　(D) 延误工期

答案：(　　)

4. 项目计划是组织根据项目(　　)的规定，对项目实施过程中进行的各项工作作出周密的安排。

(A) 工期　　(B) 目标　　(C) 延误　　(D) 延误工期

答案：(　　)

5. (　　)是根据实际条件和合同要求，以拟建项目的竣工投产或交付使用时间为目标，按照合理的顺序所安排的实施日程，是执行项目工作和达到里程碑目标的日期计划。
(A) 工期　　(B) 项目目标
(C) 项目进度计划　　(D) 项目质量计划
答案：(　　)

6. 项目进度管理是为了确保项目最终按时完成的一系列管理过程。其中，包括(　　)；实施进度计划，在实施中进行跟踪检查并纠正偏差，必要时对进度计划进行调整；编制进度报告等。
(A) 制订进度计划　　(B) 制订项目目标
(C) 项目系统规划　　(D) 制订质量计划
答案：(　　)

7. (　　)是由工程项目从开工到竣工的一系列项目实施活动所需的持续时间之和构成的。
(A) 成本　　(B) 工期　　(C) 质量　　(D) 计划
答案：(　　)

8. 在工程项目实施过程中，工期、(　　)、费用三大目标构成了既相互依存、相互联系，又相互矛盾、互相制约的密切关系。
(A) 成本　　(B) 工期　　(C) 质量　　(D) 计划
答案：(　　)

9. 信息系统工程项目(　　)的任务是预防进度偏离和纠正进度偏离，分析可能影响项目进度的各种因素及时采取预防措施。
(A) 成本控制　　(B) 工期预测　　(C) 质量检测　　(D) 进度控制
答案：(　　)

10. 在信息系统工程项目实施过程中包含着两个并行的基本过程：一个是项目的规划、设计、建造、安装和调试的实施过程，另一个是对实施过程(　　)的过程。
(A) 成本控制　　(B) 进行管理　　(C) 质量检测　　(D) 进度控制
答案：(　　)

11. 信息系统工程项目进度的主要影响因素有人力资源，其他资源，(　　)等。
(A) 环境　　(B) 技术革新　　(C) 横道图　　(D) 里程碑图
答案：(　　)

12. 信息系统工程项目进度计划可以用摘要、详细说明、表格或图表等多种方式表示，其中较为直观、清晰的图表方式有(　　)、里程碑图、网络图等。
(A) 方形图　　(B) 波形图　　(C) 鱼刺图　　(D) 横道图
答案：(　　)

13. 甘特图又称为(　　)。它通过日历形式列出项目活动及其相应的开始和结束日期，为反映项目进度信息提供了一种标准格式。
(A) 关键路径　　(B) 里程碑图　　(C) 横道图　　(D) 网络图
答案：(　　)

14. 信息系统工程项目(　　)方法在管理层中用的最多，主要是列出项目的关键节点及这些节点完成或开始的时间。
(A) 关键路径　　(B) 里程碑图　　(C) 横道图　　(D) 网络图

答案：(　　)

15. 应用网络模型发展起来的网络计划技术为工程项目计划管理提供了新的有效手段，(　　)克服了横道图所存在的一些不足，使项目计划制订、进度安排和实施控制提高到一个新的水平。

(A) 关键路径　(B) 里程碑图　(C) 横道图　(D) 网络图

答案：(　　)

16. 项目网络图可以明确地表达项目中各工作之间复杂的工艺顺序和组织顺序，确定工作间的逻辑关系，对项目作出系统、整体的描述。便于通过分析计算，找出影响全局的关键工作和(　　)。

(A) 关键路径　(B) 里程碑图　(C) 横道图　(D) 网络图

答案：(　　)

17. 网络图是用来表示工作流程的有向、有序的网状图形，由箭线和节点组成。最常见的有(　　)网络(AON)，双代号网络(AOA)，其中双代号网络在国内工程项目中常用。

(A) 关键路径　(B) 关键工作　(C) 单代号　(D) 无代号

答案：(　　)

18. 项目的关键路径是指完成项目所需的最短时间。关键路径法(CPM)是一种用来预测总体项目工时的项目网络分析技术。关键路径是项目网络图中(　　)路径，并且有最少的富裕时间或时差。

(A) 最短的　(B) 最长的　(C) 最直的　(D) 最节省的

答案：(　　)

19. 富裕时间或(　　)是指一项活动在不耽误后继活动或项目完成日期的条件下可以拖延的时间长度。如果关键路径上有一项或多项活动所花费的时间超过计划时间，那么总体项目进度就要拖延。

(A) 最短时间　(B) 最长时间　(C) 时钟　(D) 时差

答案：(　　)

20. 关键路径贯穿于整个项目生命期。关键路径的计算是将项目网络图中每条路径的所有活动工时分别相加，其中(　　)路径就是关键路径。

(A) 最长的　(B) 最短的　(C) 最直的　(D) 最节省的

答案：(　　)

21. 在项目网络图中，关键路径上工作所需要的时间总和是项目计划的(　　)，也即最短工期。

(A) 最长工期　(B) 实际工期　(C) 计算工期　(D) 时差

答案：(　　)

22. 项目工作的(　　)表示工作在它的最早开始时间至最迟完成时间之间所具有的富裕时间。它是在不影响项目计算工期的前提下工作所具有的机动富裕时间。

(A) 自由富裕时间　(B) 独立富裕时间　(C) 关联富裕时间　(D) 总富裕时间

答案：(　　)

23. 关键路径上的工作称为(　　)。它们没有富裕时间，即它们的总富裕时间为零。显然它们的独立富裕时间和自由富裕时间也都是零。

(A) 自由工作　(B) 关键工作　(C) 关联工作　(D) 总体工作

答案：(　　)

24. 关键工作的任何时间耽搁，都将导致项目计算工期的拖长。如果要求缩短项目计算工期，必须设法压缩关键工作的时间，而且要使网络计划的每条(　　)的时间都得到压缩。

(A) 关键路径　(B) 独立路径　(C) 关联路径　(D) 自由路径

答案：(　　)

25. 当缩短了关键路径的时间以后，原来的非关键路径的(　　)将随之缩短，原来的某些非关键路径有可能变成新的关键路径。

(A) 最长工期　(B) 实际工期　(C) 计算工期　(D) 富裕时间

答案：(　　)

26. 关键工作是信息系统工程项目进度管理中的重点对象。在一般的网络计划中，关键工作所占的比例不高，大约在(　　)之间。

(A) 10% ~20%　(B) 20% ~30%　(C) 10% ~30%　(D) 20% ~40%

答案：(　　)

27. 网络计划关键路径法在分析计算中工作之间的关系是确定的，工作的持续时间也都是确定的，因此称之为肯定型网络计划方法(　　)。

(A) PERT　(B) CPM　(C) PERM　(D) CPT

答案：(　　)

28. 当工程项目具体活动工时估算存在很大的不确定性时，就要采用网络计划的计划评审方法，也称为非肯定型网络计划方法(　　)，其主要用于编制工程项目进度计划。

(A) PERT　(B) CPM　(C) PERM　(D) CPT

答案：(　　)

29. PERT 网络图的画法、时间计算以及优化方法与 CPM 基本相同。但 PERT 网络计划有它独自的特点，就是在时间上要考虑(　　)。

(A) 模拟因素　(B) 自由因子　(C) 拓扑因子　(D) 随机因素

答案：(　　)

30. 像关键路径法一样，计划评审方法(PERT)建立在项目(　　)的基础之上，采用概率时间估计，将关键路径法应用于加权平均工时估算。

(A) 鱼刺图　(B) 里程碑图　(C) 网络图　(D) 横道图

答案：(　　)

31. 虽然与工程项目实施进度有关的单位很多，但影响最大的单位还是承包人、(　　)及发包人，所以直接参与项目管理的主体三方只有相互合作、协同配合，才能确保工程项目进度的合理控制。

(A) 投资单位　(B) 监理单位　(C) 政府主管部　(D) 设备供应商

答案：(　　)

32. 直接影响项目进度的主要因素有用户需求变更，设备材料到货时间及其质量问题，其他工种进度协调问题，水电供应和交通道路问题，产品更新换代问题，资源投入配备问题，(　　)问题等。

(A) 知识爆炸　(B) 消防　(C) 政府主管部门　(D) 工程质量

答案：(　　)

33. (　　)是影响信息系统工程项目实施进度的最常见、最难应付的问题，项目经理自始至终都要按照变更控制的规程很好地加以解决。

(A) 与其他工种进度协调　　(B) 不能按时到货
(C) 用户需求变更　　(D) 发生质量问题

答案：(　　)

34. 外购的设备材料(　　)会严重影响信息系统工程项目的实施进度，如有的网络设备订货周期比较长，有时还会因为海关或运输等方面的原因延长到货时间，这将使网络工程处于“无米下炊”的境地。

(A) 与其他工种进度协调　　(B) 不能按时到货
(C) 用户需求变更　　(D) 发生质量问题

答案：(　　)

35. 到货的设备材料如果(　　)，往往导致在订货时间上已经来不及，从而影响到信息系统工程项目的实施进度。

(A) 与其他工种进度协调　　(B) 不能按时到货
(C) 用户需求变更　　(D) 发生质量问题

答案：(　　)

36. (　　)问题是指在信息系统工程实施过程中，经常会与土建工程、电气工程和装修工程等的进度安排发生冲突和矛盾，如果相互协调不好会严重影响信息系统工程项目的实施进度。

(A) 与其他工种进度协调　　(B) 不能按时到货
(C) 用户需求变更　　(D) 发生质量问题

答案：(　　)

37. 有些工程项目建设现场，如有些新建大楼地处偏僻，(　　)问题还没有很好解决，会严重影响信息系统工程项目实施的进展。

(A) 关键技术　　(B) 水、电、路“三通”
(C) 足够的人力和物力　　(D) 应用软件开发中

答案：(　　)

38. 随着现代信息技术的飞速发展，新产品、新技术层出不穷。承包人如果在安装新设备之前未能解决系统配置的(　　)，就会影响项目实施的进度，解决的办法是要求承包人及时尽快地解决。

(A) 关键技术　　(B) 水、电、路“三通”
(C) 足够的人力和物力　　(D) 应用软件开发

答案：(　　)

39. 应用软件开发工程师如果未能及时地解决(　　)中的关键技术，就会影响软件开发的进度。要督促软件开发人员在开发应用之前解决这些关键技术。

(A) 关键技术　　(B) 水、电、路“三通”
(C) 足够的人力和物力　　(D) 应用软件开发

答案：(　　)

40. 信息系统工程项目应用系统由于涉及软件开发，所以应用系统工作量的估算会比较困难，要督促承包人在应用软件系统开发上投入(　　)。

(A) 关键技术　(B) 水、电、路“三通”
(C) 足够的人力和物力　(D) 应用软件开发
答案：(　　)

41. (　　)是工程进度控制的基础和保证。在工程项目实施过程中，前一阶段出现的质量问题会影响下一阶段的工程进度，所以把好质量关是确保工程按时完成的前提。
(A) 工程质量控制　(B) 工程成本控制　(C) 政府监管　(D) 应用软件开发环境
答案：(　　)

42. 信息系统工程项目进度控制的主要措施有(　　)，技术措施，经济措施，合同措施等。
(A) 消防措施　(B) 组织措施　(C) 管理措施　(D) 质量措施
答案：(　　)

43. 信息系统工程项目进度控制的(　　)是指因承包人的原因拖延工期要进行必要的经济处罚，对工期提前者实行奖励的一种措施。
(A) 组织措施　(B) 消防措施　(C) 经济措施　(D) 合同措施
答案：(　　)

44. 信息系统工程项目进度控制的(　　)是指在工程项目实施过程中，要按合同要求及时协调有关各方的进度，以确保项目进度的要求。
(A) 组织措施　(B) 消防措施　(C) 经济措施　(D) 合同措施
答案：(　　)

45. 进度控制的主要方法包括抓住开工前的各项准备工作，抓好进度计划的编制和检查，及时调整进度偏差，做好各单位的进度协调工作，抓好关键任务的进度管理，实施进度控制的(　　)。
(A) 合同措施　(B) 动态管理　(C) 管理措施　(D) 有效措施
答案：(　　)

46. 编制信息系统工程项目实施(　　)是工程进度管理的第一项任务，其目的就是要确定一个能控制项目工期的计划值，作为工程进度管理的依据。
(A) 合同计划　(B) 沟通计划　(C) 管理计划　(D) 进度计划
答案：(　　)

47. 信息系统工程项目实施进度计划包括总体进度计划，年度和月(季)进度计划，(　　)等。
(A) 合同进度计划　(B) 沟通进度计划
(C) 关键工程进度计划　(D) 学习进度计划
答案：(　　)

48. 工程项目实施(　　)是用来指导项目实施全局的。它是工程从开工一直到竣工为止，各个主要环节的总的进度安排，起着控制构成工程总体的各个单位工程或各个实施阶段工期的作用。
(A) 总进度计划　(B) 分项进度计划
(C) 分部工程进度计划　(D) 全局进度计划
答案：(　　)

49. 现金流动估算表要与总体进度计划的进度曲线相对应，通过现金流动估算表可以得到每月完成的(　　)及已完成工程费用的累计。

(A) 总进度计划 (B) 分项进度计划

(C) 分部工程进度计划 (D) 工程费用额

答案:(　　)

50. 工程项目年进度计划受工程(　　)的约束控制,而月(季)进度计划又受年进度计划的约束控制。

(A) 分项进度计划 (B) 总进度计划

(C) 分部工程进度计划 (D) 周进度计划

答案:(　　)

51. 在年度进度计划的安排过程中,应重点突出(　　)的联系,如大型设备和贵重仪器的转移顺序、主要实施队伍和开发人员的转移顺序等。

(A) 各系统之间 (B) 各分项工程之间 (C) 组织顺序上 (D) 实施各阶段

答案:(　　)

52. 月(季)度进度计划的主要内容包括本月(季)计划完成的分项工程内容及顺序安排,工程量及投资额,人力资源和主要仪器、设备的配额,对分项工程进行(　　)的详细说明等。

(A) 局部调整或修改 (B) 大规模修改

(C) 全局性调整或修改 (D) 实施各阶段

答案:(　　)

53. 项目(　　)进度计划是指一个很可能在信息系统工程项目中起控制作用的关键工程,如某一个软件开发工程的进度计划。

(A) 年度 (B) 月度 (C) 关键工程 (D) 季度

答案:(　　)

54. 关键工程进度计划的主要内容有具体实施方案和实施方法,总体进度计划及各道工序的控制日期,(　　),人力资源和仪器设备配额安排,实施准备及竣工验收的时间,对总进度计划及其他相关工程的控制、依赖关系和说明等。

(A) 质量控制要求 (B) 现金流动估算

(C) 设计方案调整 (D) 可行性目标修正

答案:(　　)

55. 在项目实施过程中,如果工程的实际进度不符合已批准的进度计划时,项目经理应根据(　　)的要求提交一份修订过的进度计划,说明为保证工程按期竣工而对原计划所作的修改。

(A) 上级主管部门 (B) 政府主管部门 (C) 质量管理师 (D) 监理工程师

答案:(　　)

56. 工程项目进度计划实施工作包括(　　),收集实际进度数据,将实际数据与进度计划进行对比,分析计划执行的情况,对产生的进度变化采取相应的措施进行纠正或调整计划,检查措施的落实情况。

(A) 规划设计 (B) 跟踪检查 (C) 深化设计 (D) 监理方案

答案:(　　)

57. 在信息系统工程项目实施过程中,每天都应按单位工程、分项工程或(　　)对实际工程项目实施的进度进行记录，并予以检查，以作为掌握工程进度和进行决策的依据。

(A) 实施点　(B) 深化设计　(C) 计划检查　(D) 监理方案

答案：(　　)

58. 进度(　　)就是将工程项目实施的实际进度与计划进度作对比，找出偏差。实际进度与计划进度对比的结果不外乎有三种可能：提前、按时(正常)或拖延(延误)。

(A) 实施方案　(B) 深化设计　(C) 计划检查　(D) 监理方案

答案：(　　)

59. 进度(　　)的内容包括工作量的完成情况，工作时间的执行情况，资源使用及与进度的匹配情况，上次检查提出问题的处理情况。

(A) 实施方案　(B) 计划检查　(C) 深化设计　(D) 监理方案

答案：(　　)

60. 在信息系统工程项目实施过程中，如果进度计划出现偏差，通常要调整进度计划，调整的内容有工作量、起止时间、工作地点、工作环境、工作关系、资源供应以及必要的(　　)调整等。

(A) 实施方案　(B) 监理方案　(C) 深化设计　(D) 目标

答案：(　　)

61. 项目实施进度的事前控制即为(　　)，主要工作内容有编制项目进度计划，审核项目进度计划，审核项目实施方案，制订采购计划等。

(A) 方案规划　(B) 监理预控　(C) 工期预控　(D) 目标确定

答案：(　　)

62. 项目实施进度的(　　)包含两方面的内容，一方面是进行进度检查、动态控制和调整；另一方面是及时进行工程计量，为申请工程进度款提供项目进度方面的依据。

(A) 事中控制　(B) 事后控制　(C) 工期预控　(D) 目标确定

答案：(　　)

63. 项目实施进度的(　　)是当项目实施的实际进度与计划发生差异时，在分析原因的基础上采取的措施，包括制订保证总工期不突破的对策措施，以及制订总工期突破后的补救措施。

(A) 事中控制　(B) 事后控制　(C) 工期预控　(D) 目标确定

答案：(　　)

64. 项目进度(　　)包括明确项目进度控制的目的及任务，加强来自各方面的综合、协调和督促，建立完善的项目管理制度，根据出现的进度偏差对进度计划进行调整，及时向监理和发包人汇报工作执行和进展情况等。

(A) 事中控制　(B) 事后控制　(C) 事前控制　(D) 控制要点

答案：(　　)

65. 软件开发模式包括系统需求分析、软件需求分析、软件概要设计、软件详细设计、软件编码与(　　)、软件组装(集成)测试、软件确认测试、系统联试、验收交付、运行与维护等阶段。

(A) 测试方案　(B) 编码控制　(C) 单元测试　(D) 控制要点

答案：(　　)

66. 软件开发在执行进度计划的过程中，要经常检查软件开发的实际进度是否按计划要求进行，若(　　)，要及时找出原因，采取必要的补救措施或调整、修改原计划，直至项目完成。

(A) 出现偏差　(B) 测试失败　(C) 质量不合格　(D) 目标失控

答案：(　　)

67. 软件开发项目(　　)的内容包括项目进度计划编制、审查、实施、检查、分析处理等。

(A) 质量控制　(B) 进度控制　(C) 成本控制　(D) 范围控制

答案：(　　)

68. 软件开发项目进度控制的措施包括组织措施，技术措施，合同措施，经济措施，(　　)措施。

(A) 质量控制　(B) 范围控制　(C) 成本控制　(D) 信息管理

答案：(　　)

69. 软件开发项目进度控制的信息管理措施的内容主要包括实行项目进度(　　)，并编写比较报告。

(A) 数学比较　(B) 范围比较　(C) 动态比较　(D) 静态比较

答案：(　　)

70. 信息系统工程项目进度控制要点是通过一系列项目管理手段，运用运筹学、(　　)、进度可视化等技术措施，使软件开发项目建设工作控制在详密的进度计划以内。

(A) 数学比较　(B) 网络计划　(C) 编码比较　(D) 静态比较

答案：(　　)

71. 软件开发项目进度控制的类型有作业控制和计划控制两种。作业控制的内容就是采取一定的措施，保证每一项作业按计划完成。作业控制是以(　　)的具体目标为基础，针对具体工作环节的。

(A) WBS　(B) ABS　(C) CBS　(D) BBS

答案：(　　)

参考答案：

1. A　2. C　3. D　4. B　5. C　6. A　7. B　8. C　9. D　10. B
11. A　12. D　13. C　14. B　15. D　16. A　17. C　18. B　19. D　20. A
21. C　22. D　23. B　24. A　25. D　26. C　27. B　28. A　29. D　30. C
31. B　32. D　33. C　34. B　35. D　36. A　37. B　38. A　39. D　40. C
41. A　42. B　43. C　44. D　45. B　46. D　47. C　48. A　49. D　50. B
51. C　52. A　53. C　54. B　55. D　56. B　57. A　58. C　59. B　60. D
61. C　62. A　63. B　64. D　65. C　66. A　67. B　68. D　69. C　70. B
71. A

二、问答题

1. 什么是工期和延误工期？什么是项目计划、项目进度计划和项目进度管理？
2. 简述项目工期、质量、费用三者的关系。
3. 简述进度控制原理。

4. 项目进度的影响因素有哪些？影响信息系统工程项目进度的主要因素有哪些？
5. 信息系统工程项目进度管理技术有哪些？
6. 信息系统工程项目进度控制的主要措施和方法有哪些？
7. 信息系统工程项目进度计划有几种类型？简述它们的主要内容。
8. 如何进行信息系统工程项目进度计划的检查与调整？
9. 简述信息系统工程项目进度的事前控制、事中控制和事后控制的内容。
10. 简述信息系统工程项目进度控制的要点和流程。
11. 简述软件工程开发进度控制的内容、措施和要点。

第7章 信息系统工程项目成本管理

复习重点

信息系统工程项目成本管理是指在工程项目实施过程中预测和计划工程成本，并控制工程成本，以确保工程项目在成本预算的约束条件下完成。工程项目成本管理的基础是编制财务报表，主要有财务现金流量表、损益表、资金来源与运用表、借款偿还计划表等。项目成本管理方法包括开源与节流、项目全面成本管理责任体系、全方位的成本管理和控制，以及全过程的成本管理和控制等。信息系统工程项目成本估算的类型有量级估算、预算估算和最终估算。这些估算法的区别主要体现在它们什么时间进行，如何应用，以及精确度如何。制订信息系统工程项目成本计划是把整个项目估算的费用分配到各项活动和各部分工作上，进而确定测量项目实际执行情况的费用基准。成本计划也常称为成本预算，包括费用核算账目和审核程序。

项目成本控制是指在工程项目建设的各个阶段，把项目成本控制在经批准的投资限额以内，随时纠正发生的偏差，以保证项目投资管理目标的实现，以求合理使用人力、物力、财力，取得较好的经济效益和社会效益。控制项目成本的措施有组织措施、技术措施、经济措施和合同措施等。项目成本核算宜以月为核算期，核算对象一般应按单位工程划分，并与项目管理责任目标成本的界定范围一致。工程计量是指准确地测定和计算已完工程的数量。它是工程进度款结算和支付的基础。工程项目在竣工验收后一个月内，应向主管部门和财政部门提交财务决算。信息系统工程项目竣工财务决算由承包人汇总编制，上报监理工程师和发包人审核。

一、选择题

1. 提高经济效益是企业的中心任务。所谓经济效益，就是经济活动中投入和产出之间的数量关系，即生产过程中劳动占用量和劳动消耗量同(　　)之间的比较。

   (A) 预算　　(B) 劳动成本　　(C) 知识成本　　(D) 劳动成果

   答案：(　　)

2. 工程费用一般是指建设工程项目所投入的建设资金。它是工程建设项目在实施过程中形成的工程价值的货币表现形式，可分为预算工程费用和(　　)。

   (A) 实际工程费用　　(B) 劳动成本　　(C) 知识成本　　(D) 劳动成果

   答案：(　　)

3. (　　)是产品形成过程中所必需的耗费，包括已耗费的物资资源价格，建设者的报酬和公司维持经营所必要的费用等。

   (A) 台账　　(B) 工程费用　　(C) 工程成本　　(D) 劳动成果

   答案：(　　)

4. (　　)是工程成本加上企业缴纳的税金和税后留存的利润。

   (A) 台账　　(B) 工程费用　　(C) 工程成本　　(D) 劳动成果

答案：(　　)

5. 项目成本管理是为了保证完成项目的(　　)不超过预算成本的管理过程。它包括资源的配置，成本的预算以及成本的控制等项工作。

(A) 劳动费用　　(B) 工程费用　　(C) 劳动成果　　(D) 实际成本

答案：(　　)

6. 信息系统工程项目成本管理是指在工程项目实施过程中(　　)工程成本，并控制工程成本，以确保工程项目在成本预算的约束条件下完成。

(A) 减少　　(B) 降低　　(C) 预测和计划　　(D) 日常操作

答案：(　　)

7. 信息系统工程项目成本管理的目的是通过对工程成本目标的(　　)，使其能够最优地实现。

(A) 动态控制　　(B) 工程计量　　(C) 预测和计划　　(D) 日常操作

答案：(　　)

8. 由于信息系统工程项目的各种复杂因素，通常采用单价合同形式的费用支付方式。因此，在信息系统工程项目建设过程中，工程成本管理的关键环节是(　　)与支付。

(A) 动态控制　　(B) 工程计量　　(C) 预测和计划　　(D) 日常操作

答案：(　　)

9. (　　)是通过实际测量而得到的已完成的工程量。工程费用的支付是对工程项目质量、进度的最终评价。

(A) 动态控制　　(B) 会计台账　　(C) 会计流水账　　(D) 工程计量

答案：(　　)

10. 信息系统工程项目投资构成一般可以划分为工程前期费用、咨询/设计费用、(　　)、工程费用、第三方工程测试费用、工程验收费用、系统运行维护费用、项目风险费用和其他费用等。

(A) 日常开支　　(B) 会计凭证费用　　(C) 监理费　　(D) 公关费用

答案：(　　)

11. 信息系统工程费用由直接工程费用，间接费用，实施技术装备费，(　　)和税金等几部分组成。

(A) 日常开支　　(B) 计划利润　　(C) 监理费　　(D) 公关费用

答案：(　　)

12. 工程直接费用是指能够以(　　)的方式加以追踪的相关费用，即直接体现在工程上的费用。例如，信息系统工程项目建设中工作人员的薪金、购买硬件和软件所支付的货币等都是直接费用。

(A) 简单方便　　(B) 会计凭证　　(C) 日常开支　　(D) 公关费用

答案：(　　)

13. 工程间接费用是不能以简单方便的方式加以追踪的相关费用，主要指信息系统工程实施现场以外为项目(　　)的费用，含企业管理费，上级管理费和财务费用。

(A) 提供服务管理　　(B) 会计凭证　　(C) 日常开支　　(D) 公关支出

答案：(　　)

14. 产生费用偏离的因素是多方面的。如果费用偏差大于零，表示项目(　　)；如果费用偏差小于零，表示项目费用超支。

（A）服务管理费用过高　（B）财务费用偏低

（C）日常开支过大　（D）费用节约

答案：（　　）

15.（　　）是指把所有预期的未来现金流入与流出都折算成现值，以计算一个项目预期的净货币收益与损失。

（A）投资回收期　（B）投资收益率分析　（C）净现值分析　（D）利润

答案：（　　）

16.（　　）（ROI）是将净收入除以投资额的所得值。ROI 越大越好。

（A）投资回收期　（B）投资收益率分析　（C）净现值分析　（D）利润

答案：（　　）

17.（　　）就是以净现金流入补偿净投资所用的时间。换句话说，（　　）分析是要确定经过多长时间累计收益可以超过累计成本以及后续成本。

（A）投资回收期　（B）投资收益率分析　（C）净现值分析　（D）利润

答案：（　　）

18.（　　）是收入减去费用。为了增加（　　），公司可以增加收入，也可以减少花费，或者同时采取两种方式。

（A）投资回收期　（B）投资收益率分析　（C）净现值分析　（D）利润

答案：（　　）

19. 如果能够在信息系统工程项目早期发现软件缺陷，那么造成的费用增加不会太多；如果往后才发现软件缺陷，那么造成的费用会成倍、甚至成（　　）增加。

（A）算术级数　（B）几何级数　（C）合成数量　（D）几何数字

答案：（　　）

20. 对于一个信息系统工程项目而言，（　　）计算考虑的是权益总费用，即项目开发费用加上项目维护费用。

（A）财务费用　（B）会计台账　（C）全寿命期费用　（D）日常支出

答案：（　　）

21. 有形费用或有形收益是指能够（　　）的那些价值，无形费用或无形收益却很难。

（A）用计算机计算　（B）用台账表示　（C）用日常支出计算　（D）以货币衡量

答案：（　　）

22.（　　）是指过去已经花去的货币等，即应该被忘记的费用，当决定应该或继续投资那个项目时，不应该包括在内的费用。

（A）财务费用　（B）沉没费用　（C）全寿命期费用　（D）储备金

答案：（　　）

23.（　　）是指在成本估算中准备的用于应付不可预测费用风险的一部分资金。

（A）财务费用　（B）沉没费用　（C）全生命期费用　（D）储备金

答案：（　　）

24. 工程项目成本管理的内容与（　　）密切相关，其任务是在项目投资过程中，对项目所消耗的人力资源、物质资源和费用开支，进行管理、调节和限制，把各项成本控制在计划投资的范围之内。

（A）项目的特性 （B）沉没费用 （C）公关费用 （D）储备金

答案：（ ）

25. 信息系统工程项目成本管理过程的特点包括成本管理与工程环境密切相关，管理过程长，项目费用分阶段支付。项目成本管理是一项系统工程，其主体是项目经理部，是（ ）。

（A）相对稳定的 （B）相对开放的

（C）相对封闭的 （D）采用实物支付的

答案：（ ）

26. 信息系统工程项目通常按月计工作进度，比较大多数产品，它不仅工程建设周期长，而且中间变数多，项目变更多，这就造成信息系统工程项目成本管理是一个（ ）过程。

（A）预先支付 （B）一次性支付 （C）静态管理 （D）动态管理

答案：（ ）

27. 信息系统工程项目是一种期货商品，必须预先定价，作成本估算和预算、签订合同价格，同很多其他普通类型的商品的“一手交钱一手交货”不同，项目费用是（ ）的。

（A）预先支付 （B）分阶段支付 （C）一次性支付 （D）静态管理

答案：（ ）

28. 项目成本管理是（ ），横向可以分为项目的资源计划、成本估算、成本计划、财务决算、统计、质量、信誉等；纵向可以分为组织、成本控制、成本分析、跟踪核实和考核等。

（A）一项系统工程 （B）纵横向支付的 （C）一次性支付的 （D）静态管理的

答案：（ ）

29. 信息系统工程建设竣工后一般不在空间上发生物理运动，直接移交用户，立即进入消费，因而价值构成中不包含（ ）。

（A）日常开支 （B）材料费用

（C）建设费用 （D）商品流通费用

答案：（ ）

30. 信息系统工程项目经理部对项目从开工到竣工全过程的一次性管理，决定了项目的成本管理必须是一次性和（ ）的成本控制，充分体现“谁承包谁负责”，并与承包人的经济利益挂钩的原则。

（A）一次性支付 （B）商品流通 （C）静态管理 （D）全过程

答案：（ ）

31. 信息系统工程项目成本管理的组织、实施、控制、反馈、核算、分析、跟踪核实和考核等过程，以工程项目为单位，构成了相对封闭式的（ ）系统，周而复始，直至工程项目竣工交付使用为止。

（A）静态 （B）商品流通 （C）循环 （D）仿真

答案：（ ）

32. 信息系统工程项目成本管理的特点还突出体现了项目管理中要增加监理工程师的监督管理。监理工程师作为工程项目的调控中心，在费用管理方面具有支付额调整、（ ）的权力。

（A）签认 （B）流通 （C）循环 （D）策划

答案：(　　)

33. 信息系统工程项目建设实行“一个体系、两个层次、三个主体”的管理体制。当工程项目建设进展到一定阶段时，进行工程量测量和计算，由(　　)向发包人提出申请支付进度款的报告。

(A) 政府主管部门　(B) 监理工程师　(C) 发包人　(D) 承包人

答案：(　　)

34. 在信息系统工程项目实施过程中，(　　)对承包人已经完成的工程数量和质量作出价值计算，对其工作价值进行签认和证实。

(A) 政府主管部门　(B) 监理工程师　(C) 发包人　(D) 承包人

答案：(　　)

35. (　　)在承包人完成了既定工作任务，达到了工程承包合同的要求，经监理工程师确认其价值后，应向承包人支付工程费用。

(A) 政府主管部门　(B) 监理工程师　(C) 发包人　(D) 承包人

答案：(　　)

36. 工程项目成本管理的基本原理是把(　　)作为目标值，再把项目建设进展过程中的实际支出额与该目标值进行比较，找出它们之间的偏差，然后采取切实有效的措施纠正偏差或调整目标值。

(A) 成本计划值　(B) 预先支付金额

(C) 分阶段支付金额　(D) 一次性支付金额

答案：(　　)

37. 信息系统工程项目成本管理方法包括开源与节流，项目(　　)成本管理责任体系，全方位的成本管理和控制，全过程的成本管理和控制等。

(A) 净现金流　(B) 全面　(C) 分阶段支付　(D) 一次性支付

答案：(　　)

38. 进行信息系统工程项目成本管理就是通过开源和节流两条腿走路，使工程项目的(　　)最大化。

(A) 净现金流　(B) 费用节约　(C) 分阶段支付　(D) 一次性支付

答案：(　　)

39. 项目全方位成本管理的做法是将项目成本管理的责任和措施落实到每一个子系统，及其涉及的所有单位，由项目监理单位负责各个子系统相关单位之间的协调作用，以及项目整体的(　　)。

(A) 费用开源措施　(B) 费用节约措施　(C) 一次性支付　(D) 综合管理

答案：(　　)

40. 项目费用的(　　)控制要求成本控制工作要随着项目实施进展的各个阶段连续进行，既不能疏漏，又不能时紧时松，应使信息系统工程项目费用自始至终处于有效的控制之下。

(A) 开源措施　(B) 节流措施　(C) 全过程　(D) 一次性支付

答案：(　　)

41. 信息系统工程项目成本管理技术有费用分解结构(CBS)，费用累计(　　)，挣值分析方法等。

(A) X曲线　(B) S曲线　(C) 正弦曲线　(D) 余弦曲线

答案:(　　)

42. 将费用按照与工作分解结构(WBS)和组织分解结构(OBS)相适应的规则进行分解，并形成相应的、便于管理的账目分解结构(　　)。分解的结果可作为项目费用测定、衡量和控制的基准。

(A) ABS　(B) CBS　(C) BBS　(D) DBS

答案:(　　)

43. 当项目进度计划按所有活动最早开始或最晚开始，或从两者之间的某个时点开始来安排时，就形成了各种不同形状的费用累计S曲线，又称为(　　)。它反映了项目进度允许调整的余地。

(A) 里程碑图　(B) 横道图　(C) 香蕉图　(D) 波形图

答案:(　　)

44. 挣值分析方法是指通过分析项目目标实施与项目目标期望之间的差异，从而判断项目实施的费用、进度绩效的一种方法，又称(　　)。

(A) 正值分析法　(B) 偏差分析法　(C) 正差分析法　(D) 负差分析法

答案:(　　)

45. 挣值分析方法主要运用三个费用值进行分析。它们分别是已完成工作预算费用、计划完成工作预算费用和已完成工作(　　)。

(A) 正值费用　(B) 质量分析　(C) 计算费用　(D) 实际费用

答案:(　　)

46. 已完成工作预算费用(　　)是指在某一时刻已经完成的工作，以批准认可的预算为标准所需要的资金总额，又称已完成投资额。

(A) BCWS　(B) CV　(C) BCWP　(D) ACWP

答案:(　　)

47. 计划完成工作预算费用(　　)是根据进度计划，在某一时刻应当完成的工作，以预算为标准所需要的资金总额，又称计划投资额。该值对衡量项目进度和项目费用是一个标尺或基准。

(A) BCWS　(B) CV　(C) BCWP　(D) ACWP

答案:(　　)

48. 已完成工作实际费用(　　)是指到某一时刻为止，已完成的工作(或部分工作)所实际花费的总金额，又称消耗投资额。

(A) BCWS　(B) CV　(C) BCWP　(D) ACWP

答案:(　　)

49. 费用偏差(　　)是指在某个检查点上BCWP与ACWP之间的差异。当它为负值时，表示项目运行超支，实际费用超出预算费用。当它为正值时，表示项目运行节支，实际费用没有超出预算费用。

(A) BCWS　(B) CV　(C) BCWP　(D) ACWP

答案:(　　)

50. 进度偏差(　　)是指在某个检查点上BCWP与BCWS之间的差异。当它为负值时，表示进度延误，即实际进度落后于计划进度。当它为正值时，表示进度提前，即实际进度快于计划进度。

(A) SPI　(B) WBS　(C) CPI　(D) SV

答案:(　　)

51. 费用绩效指数(　　)是 BCWP 与 ACWP 的比值。当它小于 1 时，表示超支。当它大于 1 时，表示节支，即实际费用低于预算费用。

(A) SPI　(B) WBS　(C) CPI　(D) SV

答案:(　　)

52. 进度绩效指数(　　)是 BCWP 与 BCWS 的比值。当它小于 1 时，表示进度延误，即实际进度比计划进度慢。当它大于 1 时，表示进度提前，即实际进度比计划进度快。

(A) SPI　(B) WBS　(C) CPI　(D) SV

答案:(　　)

53. 信息系统工程项目成本估算的主要依据有合同及招投标文件，工作分解结构(　　)，资源需求计划，资源价格，工作的延续时间，历史信息，财务报表等。

(A) SPI　(B) WBS　(C) CPI　(D) SV

答案:(　　)

54. 信息系统工程项目成本估算的类型有(　　)、预算估算和最终估算。这些估算法的区别主要体现在它们什么时间进行，如何应用，以及精确度如何。

(A) 初步估算　(B) 初级估算　(C) 量级估算　(D) 精确估算

答案:(　　)

55. 工程项目成本量级估算(ROM)是在项目正式开始之前应用的，高层管理人员使用该估算法帮助进行项目决策。精确度一般为(　　)。

(A) -10% ~ +25%　(B) -5% ~ +10%

(C) -10% ~ +10%　(D) -25% ~ +75%

答案:(　　)

56. 工程项目成本预算估算是被用来将资金划入一个组织的预算。许多发包人建立至少两年的预算。预算估算在信息系统工程完成前一到两年作出，其精确度一般为(　　)。

(A) -10% ~ +25%　(B) -5% ~ +10%

(C) -10% ~ +10%　(D) -25% ~ +75%

答案:(　　)

57. 工程项目成本最终估算提供一个精确的项目成本估算，常用于许多采购决策的制订和估算工程建设的最终成本。其精确度一般为(　　)。

(A) -10% ~ +25%　(B) -5% ~ +10%

(C) -10% ~ +10%　(D) -25% ~ +75%

答案:(　　)

58. 工程项目成本估算的方法有经验估算法，自上而下估计法，自下而上估算法，(　　)，参数模型估算法，计算机软件方法等。

(A) 综合估算法　(B) 形态估算法　(C) 类比估算法　(D) 几何估算法

答案:(　　)

59. 项目成本估算报告的详细说明应该包括工作估计范围描述，对于估计的基本说明，各种所作假设的说明，指出估算结果的(　　)等。

(A) 估算方法　　(B) 计算方法　　(C) 计算过程　　(D) 有效范围

答案:(　　)

60. 信息系统工程项目成本计划的特点有建造地点的固定性,项目的(　　),建设周期长,产品更新换代快,技术差价大,工期差价大,软件开发差价大等。

(A) 单件性　　(B) 估算性　　(C) 计算过程长　　(D) 有效范围大

答案:(　　)

61. 编制项目成本计划的要求包括由项目管理组织负责编制,自下而上分级编制并逐层汇总,反映各成本项目指标和(　　)。

(A) 精确计算成本指标　　(B) 降低成本指标

(C) 粗略计算成本指标　　(D) 成本指标有效性

答案:(　　)

62. 工程项目成本预算的常用方法有类比预算法,自下而上估计法,(　　),计算机计算等。

(A) 综合预算法　　(B) 形态预算法

(C) 几何预算法　　(D) 参数模型预算法

答案:(　　)

63. 信息系统工程项目成本计划是建立在资源计划和项目成本估算的基础上的,考虑资源的成本形成的计划,包括项目成本管理计划和(　　)。

(A) 综合预算计划　　(B) 平衡估算计划

(C) 成本基准计划　　(D) 参数模型计划

答案:(　　)

64. (　　)是在成本估算阶段完成的,是项目整体计划的一部分,用于指导如何管理费用偏差。

(A) 成本管理计划　　(B) 成本基准计划

(C) 成本审核计划　　(D) 项目审计计划

答案:(　　)

65. 获得批准的项目成本计划叫(　　),是在成本预算阶段按时段把估算出的费用叠加起来的结果。它反映的是按时间变化的预算状况,用于测量和监控项目费用的执行情况。

(A) 成本管理计划　　(B) 成本基准计划

(C) 成本审核计划　　(D) 项目审计计划

答案:(　　)

66. 项目成本预算审核是一项十分重要而又严肃的事情,有单独审查和(　　)两种审核方式。

(A) 账面审查　　(B) 账务审查　　(C) 成本预算审核　　(D) 联合审查

答案:(　　)

67. (　　)的主要内容是审查工程承包合同及招投标文件,用户需求分析报告,项目设计方案、现行的定额和其他取费标准,工作分解结构(WBS),资源需求计划,资源价格,项目估算报告和成本管理计划,项目进度计划,同类相似项目的历史资料,财务报表,以及其他有关设计、实施资料等。

（A）账面审查　（B）账务审查　（C）成本预算审核　（D）联合审查
答案：（　）

68. 成本预算审核要求审查成本预算编制依据的合法性，编制依据的时效性，编制依据的（　）。
（A）有效范围　（B）合理性　（C）安全性　（D）可行性
答案：（　）

69. 成本预算审核的方法有（　），对比审核法，重点审核法，分解审核法，经验审核法等。
（A）局部审核法　（B）全面审核法　（C）加权审核法　（D）质疑审核法
答案：（　）

70. 项目成本控制是为确保建设项目资金与资源的充分利用和加强计划性、科学性、制度化、规范化，严格控制（　），以消除决算超预算、预算超估算的现象。
（A）决算超支　（B）估算超支　（C）预算超支　（D）预算的变更
答案：（　）

71. （　）是指在工程项目建设的各个阶段，把项目成本控制在经批准的投资限额以内，随时纠正项目成本发生的偏差，以保证项目投资管理目标的实现。
（A）项目决算计划　（B）项目估算计划
（C）项目成本控制　（D）项目预算计划
答案：（　）

72. 项目成本控制宜运用价值工程和（　），其程序包括收集实际成本数据，实际成本数据与计划目标进行比较，分析成本偏差原因，采取措施纠正偏差，必要时修改成本计划，按月编制成本报告。
（A）挣值法　（B）专家咨询法　（C）数理统计法　（D）网络技术
答案：（　）

73. 信息系统工程项目成本控制的措施包括组织措施，技术措施，经济措施，（　）等。
（A）监察措施　（B）专家咨询措施　（C）严控措施　（D）合同措施
答案：（　）

74. 项目成本核算宜以月为核算期，遵守（　）、实施产值统计、实际成本归集三同步的原则。
（A）监控图像　（B）实施形象进度　（C）计算机计算值　（D）合同措施
答案：（　）

75. （　）是指准确地测定和计算已完工程的数量。它是工程进度款结算和支付的基础。
（A）局部审核　（B）全面审核　（C）工程计量　（D）工程定量
答案：（　）

76. 工程计量的要求包括不符合合同要求的工程，不得计量；按合同规定的方法、范围、内容、单位计量；（　）必须齐全；根据合同规定及时对已经完成且质量合格的工程项目进行计量。
（A）设计图纸　（B）组织机构　（C）计量报表　（D）验收手续
答案：（　）

77. 对于（　），则需在工程覆盖之前进行计量。否则，会使工程计量工作变得非常复杂和困难。

(A) 隐蔽工程　(B) 交叉工程　(C) 复杂工程　(D) 定量工程

答案:(　)

78. 信息系统工程项目采用的工程计量方法有凭证法，分项计量法，估价法，图纸法，(　)等。

(A) 模拟法　(B) 交叉进行法　(C) 均摊法　(D) 汇总法

答案:(　)

79. 工程费用结算支付的基本原则包括支付必须以报价清单和(　)为基础，支付必须以技术规范和报价单为依据，支付必须符合工程承包合同条款，支付必须及时，支付必须严格按规定的程序进行。

(A) 估算报表　(B) 工程计量　(C) 预算报表　(D) 决算报表

答案:(　)

80. 工程费用结算支付的种类有按工程(　)完成结算支付；按旬(或半月)预支，按月结算；按月(或分次)预支，完工后一次结算；按工程进度预支，完工后一次结算。

(A) 设计图纸　(B) 估算报表　(C) 预算报表　(D) 标志性任务

答案:(　)

81. 信息系统工程项目(　)是指以实物量和货币为计量单位，综合反映竣工验收的工程项目的建设成果和财务状况的总结性文件。它是工程项目的实际造价和成本效益的总结。

(A) 竣工财务决算　(B) 估算报表　(C) 预算报表　(D) 标志性任务

答案:(　)

82. 国家有关规范规定，工程项目在竣工验收后(　)，应向主管部门和财政部门提交财务决算。

(A) 三个月内　(B) 两个月内　(C) 一个月内　(D) 半个月内

答案:(　)

83. 信息系统工程项目竣工决算可以正确分析(　)，可以分析总结项目费用支出中的经验和教训，为修订预算定额提供依据资料等。

(A) 财务制度　(B) 成本效果　(C) 估算报表　(D) 预算报表

答案:(　)

84. 信息系统工程项目竣工财务决算由承包人汇总编制，上报(　)和发包人审核认可。

(A) 政府主管部门　(B) 上级主管部门　(C) 审计机关　(D) 监理工程师

答案:(　)

85. 项目竣工决算的内容包括工程项目竣工决算说明书、工程竣工财务决算汇总表和各合同段工程竣工财务决算、交付使用财产总表和明细表、结余设备材料明细表和(　)明细表等。

(A) 应收应付款　(B) 员工工资　(C) 审计项目　(D) 工程计量

答案:(　)

86. 工程竣工财务决算表由工程竣工财务决算汇总表和各合同段工程竣工财务决算表组成。它反映了竣工工程项目的全部资金来源及其运用情况，可以作为考核和分析工程项目(　)的依据。

(A) 应收应付款　(B) 预算报表　(C) 会计审计　(D) 成本效果

答案：(　　)

参考答案：

1. D	2. A	3. C	4. B	5. D	6. C	7. A	8. B	9. D	10. C
11. B	12. A	13. A	14. D	15. C	16. B	17. A	18. D	19. B	20. C
21. D	22. B	23. D	24. A	25. C	26. D	27. B	28. A	29. B	30. D
31. C	32. A	33. D	34. B	35. C	36. A	37. B	38. A	39. D	40. C
41. B	42. A	43. C	44. B	45. D	46. C	47. A	48. D	49. B	50. D
51. C	52. A	53. B	54. C	55. D	56. A	57. B	58. C	59. D	60. A
61. B	62. D	63. C	64. A	65. B	66. D	67. C	68. A	69. B	70. D
71. C	72. A	73. D	74. B	75. C	76. D	77. A	78. C	79. B	80. D
81. A	82. C	83. B	84. D	85. A	86. D				

二、问答题

1. 什么是工程费用、工程成本、项目成本管理？
2. 信息系统工程费用由哪几部分组成？
3. 简述与项目成本管理相关的一些基本概念。
4. 简述信息系统工程项目成本管理的特点、方法和技术。
5. 简述信息系统工程项目成本估算的依据、类型、方法和成本估算报告。
6. 简述信息系统工程项目成本计划的特点、依据、方法和技术。
7. 什么是信息系统工程项目成本控制？其任务、程序、要点和措施有哪些？
8. 如何进行信息系统工程计量与工程付款控制？
9. 简述信息系统工程项目竣工财务决算的编制、审核、最终支付程序的内容。

第 8 章 信息系统工程项目风险管理

复习重点

信息系统工程项目的特点决定了其在项目实施过程中存在着大量的不确定因素，这些不确定因素无疑会给项目的目标实现带来影响，其中有些影响甚至是灾难性的。信息系统工程项目的风险就是指那些在项目实施过程中可能出现的灾难性事件或不满意的结果。风险管理是一个识别和度量项目风险，制订、选择和管理风险处理方案的过程。风险管理的目标是减小风险的危害程度。它包括将积极因素所产生的影响最大化和使消极因素产生的影响最小化两方面内容。项目风险管理的过程包括风险识别、评估、响应和控制。信息系统工程项目所面临的风险种类繁多，其基本类型按其形成原因可以分为决策风险、行为主体风险、软件危机风险、项目管理风险、项目组织风险和外部环境风险等；按其影响结果可以分为工期风险、成本风险、质量风险、能力风险、市场风险、信誉风险、伤亡损失风险和法律责任风险。信息系统工程项目全面风险管理组织结构的核心是项目经理，其应负起项目全面风险管理的领导责任。风险防范对策包括制订风险防范计划，采取风险控制措施、风险自留对策、风险转移对策、风险分配对策、风险分散对策、风险保证金制度和加强组织和技术措施，如编制前 10 个风险列表等。信息系统工程项目保险主要是确定保险内容、保险额、保险费、免赔额和赔偿限额等，并签订工程项目保险合同。

一、选择题

1. 当前，信息系统工程项目(　　)是一个不争的事实。

   (A) 使用寿命长　　(B) 风险高　　(C) 安全可靠性好　　(D) 投资效益高

   答案：(　　)

2. 风险是指出现损失或损害的可能性。任何风险都包括两个基本要素：一个是风险因素发生的(　　)，另一个是风险发生带来的损失。

   (A) 预测性　　(B) 敏感性　　(C) 不安全因素　　(D) 不确定性

   答案：(　　)

3. 风险管理是一个识别和(　　)项目风险，制订、选择和管理风险处理方案的过程。风险管理的目标是减小风险的危害程度。

   (A) 度量　　(B) 预测　　(C) 确定　　(D) 消除

   答案：(　　)

4. 项目风险管理是指为了最好地达到项目的目标，识别、(　　)、应对、减少和避免项目生命期内风险的现代科学管理方法。

   (A) 测量　　(B) 预测　　(C) 分配　　(D) 消除

   答案：(　　)

5. 风险(　　)或风险承受度是指从潜在回报中得到满足或快乐的程度。风险喜好者乐于高风险，风险厌恶者不喜欢冒险，风险中性者试图在风险和潜在回报之间取得平衡。

(A) 测量　(B) 效用　(C) 悲观　(D) 乐观

答案：(　　)

6. 风险管理中包含的四个主要过程是风险识别、风险量化、风险应对计划的制订和风险(　　)。

(A) 消除处理　(B) 效用安排　(C) 效果利用　(D) 应对控制

答案：(　　)

7. 全面风险管理是用系统的、动态的方法进行风险控制，以减少项目实行过程中的(　　)。

(A) 不确定性　(B) 敏感性　(C) 不安全因素　(D) 人为错误

答案：(　　)

8. 风险会造成项目实施的(　　)现象，如工期延长、成本增加、计划修改、投资加大等，这些都会造成经济效益的降低，甚至项目的失败。

(A) 不确定　(B) 不稳定　(C) 不安全　(D) 失控

答案：(　　)

9. 项目风险管理是一种(　　)，与其相关的会发生一些项目成本。在许多方面，项目风险管理像是保险的一种形式。它是为减轻潜在的不利事件对项目的影响而采取的一项活动。

(A) 方案分析方法　(B) 财务计算工具　(C) 投资　(D) 反馈

答案：(　　)

10. 组织识别项目风险应遵循的程序是收集与项目风险有关的信息，(　　)，编制项目风险识别报告。

(A) 分析方案　(B) 确定风险因素　(C) 资金投入　(D) 信息反馈

答案：(　　)

11. 组织应根据风险因素发生的概率和损失量，确定风险量，并进行(　　)。风险评估后应提出风险评估报告。

(A) 分级　(B) 分析　(C) 计算　(D) 记录

答案：(　　)

12. 项目风险评估应包括的内容有风险因素发生的概率，风险损失量的估计，(　　)。

(A) 分级应对　(B) 层次分析

(C) 风险等级评估　(D) 启动应急预案

答案：(　　)

13. 常用的风险对策有风险规避、风险减轻、风险自留、(　　)及其组合策略。

(A) 风险分级应对　(B) 风险层次分析　(C) 风险等级评估　(D) 风险转移

答案：(　　)

14. 全面风险管理强调风险的事先分析与评价。风险因素分析是确定一个项目的(　　)，即有哪些风险存在，将这些风险因素逐一列出以作为全面风险管理的对象。

(A) 风险层次　(B) 风险范围　(C) 风险趋势　(D) 风险过程

答案：(　　)

15. 信息系统工程项目风险的类型按其形成原因可以分为决策风险，行为主体风险，(　　)

风险，项目管理风险，项目组织风险，外部环境风险等。

（A）软件危机　（B）期货　（C）投资理财　（D）股票基金

答案：（　）

16. 信息系统工程项目风险的类型按其影响结果可以分为工期风险，成本风险，质量风险，能力风险，市场风险，信誉风险，伤亡损失风险，（　）风险等。

（A）软件危机　（B）投资理财　（C）法律责任　（D）股票基金

答案：（　）

17. 项目决策风险包括高层战略风险，如指导方针战略思想可能有错误而造成的项目目标错误；环境调查和市场预测的风险；（　）风险，如错误的项目选择，错误的投标决策、报价等。

（A）能力不足　（B）计划不周　（C）维护困难　（D）投标决策

答案：（　）

18. 工程项目行为主体风险包括投资者项目资金准备不足，支付能力差，改变投资方向；承包人技术及管理（　），不能保证安全、质量和工期等；监理工程师的能力、职业道德、公正性差等。

（A）能力不足　（B）计划不周　（C）维护困难　（D）投标决策

答案：（　）

19. 软件危机是指在其开发和维护过程中所遇到的一系列严重问题。它包括用户需求不明确、变更过多；软件开发不规范，没有建立完整的文档管理制度；开发进度难以控制；软件（　）等。

（A）能力不足　（B）计划不周　（C）维护困难　（D）投标决策

答案：（　）

20. 项目管理风险是指项目管理混乱而造成的风险，如项目（　）、资源配置混乱、用人不当、沟通不畅、经营不善、技术落后、制度缺乏、项目管理水平低等。

（A）能力不足　（B）计划不周　（C）维护困难　（D）投标决策

答案：（　）

21. 信息系统工程项目风险的特点包括风险存在的客观性和普遍性，风险发生的偶然性和必然性，风险的（　），风险的多样性和多层次性等。

（A）可变性　（B）不变性　（C）顽固性　（D）冒险性

答案：（　）

22. 风险是不以人的意志为转移的，并超越人们的主观意识而（　）。风险的普遍性表现在几乎所有的项目都存在着风险，在项目的整个生命周期内，自始至终风险是无处不在、无时没有的。

（A）机会存在　（B）客观存在　（C）顽固存在　（D）冒险存在

答案：（　）

23. 工程项目风险发生的偶然性表现在任何具体风险的发生都是一种（　）。工程项目风险发生的必然性是指人们可以采用科学的方法去计算预测风险发生的概率和损失程度。

（A）主观现象　（B）客观现象　（C）表面现象　（D）随机现象

答案：（　）

24. 工程项目风险的(　　)是指在项目的整个实施过程中，各种风险在性质和数量上都是不断变化的，同时在工程项目的每一阶段都可能产生新的风险。

(A) 不变性　(B) 可变性　(C) 顽固性　(D) 冒险性

答案：(　　)

25. 引发工程项目风险的因素多且种类繁杂，同时大量风险因素之间的内在关系错综复杂，各风险因素之间与外界交叉影响又使风险显示出(　　)。

(A) 多层次性　(B) 不变性　(C) 顽固性　(D) 冒险性

答案：(　　)

26. 工程项目全面风险管理是运用系统科学的方法，在工程项目整个生命期内，采取全面的(　　)，对项目的全部风险进行全过程、全方位的管理，简称“一法四全”。

(A) 计划措施　(B) 经济措施　(C) 组织措施　(D) 技术措施

答案：(　　)

27. 信息系统工程项目全面风险管理包括用系统的观点、(　　)方法进行风险控制，采取全面的组织管理措施，进行项目风险全过程的管理、全部风险的管理和全方位的管理等。

(A) 静态的　(B) 动态的　(C) 自上而下的　(D) 自下而上的

答案：(　　)

28. 风险管理是工程项目管理流程与规范中的重要组成部分，制订风险(　　)、明确风险管理岗位与职责是做好工程项目风险管理的基本保障。

(A) 静态特性　(B) 稳定特性　(C) 谈判风格　(D) 管理规则

答案：(　　)

29. 信息系统工程项目全面风险管理的主要任务包括预报预防、(　　)、积极善后三个方面。

(A) 防范控制　(B) 安全管理　(C) 规划设计　(D) 图纸设计

答案：(　　)

30. 在信息系统工程项目工程实施过程中，要加强风险(　　)工作，不断地收集和分析有关项目的各种信息和动态，捕捉项目风险的前奏信号，以便更好地准备和采取有效的风险对策。

(A) 安全管理　(B) 防范控制　(C) 预报预防　(D) 积极善后

答案：(　　)

31. 无论预防措施做得多么周全严密，信息系统工程项目的风险总是难以完全避免的。当风险发生时要进行有效的(　　)，防范风险损失范围和程度进一步扩大，尽快恢复生产，防止成本超支。

(A) 安全管理　(B) 防范控制　(C) 预报预防　(D) 积极善后

答案：(　　)

32. 在项目风险发生后，要(　　)，迅速及时地采取各种有效措施以控制风险的影响，尽量降低风险损失，弥补风险损失，并争取获得风险的赔偿，以尽可能地减少风险损失。

(A) 安全管理　(B) 防范控制　(C) 预报预防　(D) 积极善后

答案：(　　)

33. 项目全面风险管理组织主要是指为实现全面风险管理目标而建立的组织结构，即(　　)、管理体制和领导人员。没有一个健全、合理和稳定的组织结构，全面风险管理活动就不能有效地进行。

(A) 组织机构　(B) 人员组织　(C) 社团组织　(D) 善后组织

答案：(　　)

34. 与处理危机事件不同，工程项目好的全面风险管理往往是(　　)地进行的。

(A) 大张旗鼓　(B) 默默无闻　(C) 旗帜鲜明　(D) 内紧外松

答案：(　　)

35. 风险预测和识别是工程项目全面风险管理的第一步，即预测和识别出工程项目目标实施过程中可能存在的风险事件，并予以(　　)。

(A) 上报　(B) 向下交底　(C) 整理分类　(D) 克服

答案：(　　)

36. 工程项目风险分析主要是将项目风险的(　　)进行量化，评价其潜在的影响，其内容包括确定风险事件发生的概率和对项目目标影响的严重程度，如经济损失量、工期迟延量等。

(A) 不安全性　(B) 敏感性　(C) 不可知性　(D) 不确定性

答案：(　　)

37. 风险损失量是指风险对项目造成的负面影响的大小，可用(　　)表示，即将损失量大小折算成影响计划完成的时间。

(A) 百分比　(B) 数值　(C) 矢量　(D) 三维矩阵

答案：(　　)

38. 风险概率是指风险发生可能性的(　　)表示，是一种凭借分析处理以往发生的类似项目风险事件的经验，所作出的主观判断。

(A) 百分比　(B) 数值　(C) 矢量　(D) 三维矩阵

答案：(　　)

39. (　　)是指项目风险的危害程度。它等于风险概率与风险损失量之积。

(A) 风险度　(B) 风险数　(C) 风险量　(D) 风险矩阵

答案：(　　)

40. 项目风险防范对策包括风险防范计划，风险控制对策，风险自留对策，风险(　　)，风险分配对策，风险分散对策，风险保证金制度，加强组织和技术措施等。

(A) 平衡对策　(B) 消除对策　(C) 化解对策　(D) 转移对策

答案：(　　)

41. 工程项目风险分析完成以后，可以根据风险性质和项目对风险的承受能力制订相应的防范计划，即风险防范对策，其主要考虑的因素包括可规避性、可转移性、可缓解性、(　　)。

(A) 可平衡性　(B) 可接受性　(C) 可化解性　(D) 可消除性

答案：(　　)

42. 项目风险控制是对使风险损失趋于严重的各种条件采取措施，进行控制以避免或减少发生风险的可能性及各种潜在的损失。项目风险控制对策有风险(　　)和损失控制两种形式。

(A) 回避　(B) 接受　(C) 化解　(D) 消除

答案：(　)

43. 风险回避对策经常是一种规定，如禁止某项活动的规章制度。风险(　)是通过减少损失发生的机会或通过降低所发生损失的严重性来处理项目风险。

(A) 分配对策　(B) 接受对策　(C) 化解对策　(D) 损失控制

答案：(　)

44. 风险损失控制方案的内容包括制订安全计划、评估及监控有关系统及安全装置、重复检查工程建设计划、制订灾难计划、制订(　)等。

(A) 分配计划　(B) 接受计划

(C) 应急计划　(D) 损失控制计划

答案：(　)

45. 项目风险自留是一种重要的(　)管理技术，由自己承担项目风险所造成的损失，分为计划性风险自留和非计划性风险自留两种。

(A) 不确定性　(B) 财务性　(C) 应急性　(D) 敏感性

答案：(　)

46. 计划性风险自留是指项目风险管理人员(　)不断地降低风险的潜在损失。

(A) 有意识地　(B) 动态地　(C) 区分主次地　(D) 静态地

答案：(　)

47. 非计划性风险自留是指项目风险管理人员没有认识到项目风险的存在，因而没有面对和处理项目风险的思想准备、组织准备和物资准备，(　)承担风险。

(A) 有意识地　(B) 动态地　(C) 区分主次地　(D) 被动地

答案：(　)

48. 风险转移是工程项目风险管理中最常用的风险防范对策，主要有合同转移，(　)两种方式。

(A) 有意识转移　(B) 动态转移　(C) 项目投保　(D) 项目投标

答案：(　)

49. 风险合同转移是指用合同方式规定签约双方的(　)，从而将风险本身转移给对方以减少自身的损失。因此，合同中应包含责任和风险两大要素。

(A) 义务和权利　(B) 风险责任　(C) 项目金额　(D) 投标责任

答案：(　)

50. 项目投保是全面风险管理计划中最重要的(　)，其目的在于把项目进行过程中发生的大部分风险作为保险对策，以减轻与项目实施有关方的损失负担和可能由此产生的纠纷。

(A) 风险基金　(B) 风险资源　(C) 投资资源　(D) 转移技术

答案：(　)

51. 风险分配对策是从工程项目整体效益的角度出发，把项目风险(　)给项目所有参与各方，以最大限度地发挥各方面的积极性。

(A) 合理分配　(B) 自动分配　(C) 资源分配　(D) 动态转移

答案：(　)

52. 风险分散对策是采用多领域、多地域、多项目(　)的办法来分散风险。

(A) 分散投标　(B) 自动分配　(C) 分散投资　(D) 动态转移
答案:(　)

53. 签订工程项目承包合同时要求对方提供合理的(　)，这是从财务的角度为防范风险作准备，在工程报价中增加一笔不可预见的风险费，以抵消或减少风险发生时的损失。
(A) 投标保证金　(B) 风险分配计划　(C) 分散投资计划　(D) 风险保证金
答案:(　)

54. 工程项目(　)主要包括已识别的项目风险及其描述、风险发生的概率、风险应对的责任人、风险防范对策、行动计划及处理方案、应急计划、项目保险安排等。
(A) 风险分配计划　(B) 全面风险管理计划
(C) 分散投资计划　(D) 风险规避方案
答案:(　)

55. 项目风险监控的主要任务是采取应对风险的纠正措施以及项目全面风险管理计划的(　)。
(A) 及时更新　(B) 全面规划
(C) 风险分散方案　(D) 风险规避方案
答案:(　)

56. 最有效的项目风险监控工具之一是“前10个风险列表”。它是按(　)大小将项目的前10个风险作为控制对象，密切监控项目的前10个风险。每次风险检查后，形成新的“前10个风险列表”。
(A) 风险度　(B) 风险正数　(C) 风险值　(D) 风险矩阵
答案:(　)

57. 项目(　)是指在信息系统工程项目实施过程中，不断检查项目风险防范对策几个步骤的实施情况和实施结果，并对新发现的风险项目及时提出防范对策。
(A) 风险特性　(B) 风险指数
(C) 风险基数　(D) 风险管理检查
答案:(　)

58. 编制工程项目全面风险管理计划要考虑的内容有项目概要，项目风险管理途径，项目风险管理实施的准备，对项目风险管理过程进行总结，与(　)的协调关系等。
(A) 项目合同　(B) 其他相关计划　(C) 设计方案　(D) 工程进度
答案:(　)

59. 项目投保是把工程项目进行过程中发生的大部分风险作为(　)。
(A) 保险对象　(B) 自留对象　(C) 分配目标　(D) 进度指标
答案:(　)

60. 信息系统工程项目保险主要是确定保险内容、保险额、保险费、免赔额和(　)等，并签订工程项目保险合同。
(A) 留成比例　(B) 赔偿对象　(C) 赔偿限额　(D) 赔偿指标
答案:(　)

61. 工程项目保险作为一个相对独立的险种起源于20世纪初，其发展历史相对于(　)中的火灾保险来讲要短得多。

(A) 人身保险　(B) 财产保险　(C) 健康保险　(D) 房屋保险

答案：(　　)

62. 工程项目保险不仅承保被保险人财产损失的风险，还承保其(　　)，它包括设备保险、人员保险、各类责任保险、工程实施保险、设计师保险、监理责任险、第三者责任险和雇主责任险等。

(A) 航空风险　(B) 旅游风险　(C) 交通风险　(D) 责任风险

答案：(　　)

63. 工程项目保险针对承保风险的特殊性提供的保障具有综合性，其保险的主责任范围一般由物质损失部分和(　　)部分构成。

(A) 第三者责任　(B) 第二者责任

(C) 交通意外责任　(D) 社会保障责任

答案：(　　)

64. 工程项目保险的被保险人具有广泛性，包括发包人、主承包人、分包商、设备供应商、设计商、技术顾问、(　　)等，他们均可能对工程项目拥有保险利益，成为被保险人。

(A) 第三者　(B) 左邻右舍

(C) 工程监理　(D) 上级主管理部门

答案：(　　)

65. 与普通财产保险不同的是工程项目保险期限的起止点不是确定的具体日期，而是根据保险单的规定和工程项目的具体情况确定的。为此，工程项目保险采用的是(　　)，而不是年度费率。

(A) 月度费率　(B) 工期费率　(C) 季度费率　(D) 不指定费率

答案：(　　)

66. 普通财产保险的保险金额在保险期限内是相对固定的，而工程项目保险的保险金额在保险期限内是随着工程建设的进度(　　)。所以，在保险期限内的任何一个时点，保险金额可能是不同的。

(A) 不断增长的　(B) 不断下降的　(C) 随机变化的　(D) 不确定的

答案：(　　)

67. 工程项目保险的责任范围通常由物质损失和(　　)损失两部分组成。

(A) 社会保障责任　(B) 第二者责任　(C) 交通意外责任　(D) 第三者责任

答案：(　　)

68. 工程项目保险的物质损失部分属于财产保险的一种。它主要是针对被保险财产的(　　)损失。通常对因此产生的各种费用和其他损失不承担赔偿责任。

(A) 社会保障责任　(B) 第二者责任　(C) 直接物质　(D) 第三者责任

答案：(　　)

69. 工程项目保险中的(　　)主要是指自然灾害或意外事故等，范围十分广泛，所以要对事故的定义和类型作出严格限定。

(A) 不可抗力　(B) 风险事故　(C) 人员伤亡　(D) 第三者责任

答案：(　　)

70. 工程项目保险的第三者责任部分，除了对承保的风险进行(　　)的限制外，还对保险人承担赔偿责任进行定量的限制。

(A) 定性 (B) 风险事故 (C) 人员伤亡 (D) 定量

答案:( )

参考答案:

1. B	2. D	3. A	4. C	5. B	6. D	7. A	8. D	9. C	10. B
11. A	12. C	13. D	14. B	15. A	16. C	17. D	18. A	19. C	20. B
21. A	22. C	23. D	24. B	25. A	26. C	27. B	28. D	29. A	30. C
31. B	32. D	33. A	34. B	35. C	36. D	37. B	38. A	39. C	40. D
41. B	42. A	43. D	44. C	45. B	46. A	47. D	48. C	49. B	50. D
51. A	52. C	53. D	54. B	55. A	56. C	57. D	58. B	59. A	60. C
61. B	62. D	63. A	64. C	65. B	66. A	67. D	68. C	69. B	70. A

二、问答题

1. 什么是风险、项目风险管理？项目风险管理的过程有哪些步骤？
2. 信息系统工程项目风险有哪些类型和特点？
3. 简述信息系统工程项目全面风险管理的任务、组织和方法。
4. 简述信息系统工程风险的防范对策。
5. 如何采用“前10个风险列表”来规避项目风险？
6. 简述信息系统工程项目保险的特点和责任范围。

第9章 信息系统工程项目整体管理

复习重点

信息系统工程项目的费用、进度和质量是一个既统一又相互矛盾的目标系统，在确定每个目标值时，都要考虑到对其他目标的影响。项目管理综合平衡原则有系统性原则、合理性原则、重点性原则和满意性原则等。层次分析法(AHP)是一种可用于处理复杂项目决策问题的分析方法，是一种定量与定性相结合，将人的主观判断用数量形式表达的处理方法。该方法适用于多准则、多目标的复杂问题的决策分析。项目整体管理的主要过程包括项目计划制订、执行和整体变更控制。信息系统工程项目全目标管理就是要面向系统、组织、人员三大目标，全面满足项目质量、进度和费用的要求。信息系统工程项目和项目管理具有显著的整体特征，其项目整合管理要有全局的整合观念，主要有目标整合、方案整合和过程整合。项目计划过程要求把各个知识领域计划过程的成果整合起来，包括用户需求调研、质量规划、组织计划、人力资源计划、采购计划等，形成首尾连贯、协调一致、条理清晰的文件。

一、选择题

1. 信息系统工程项目的费用、进度和质量是一个既统一又相互矛盾的(　　)，在确定每个目标值时，都要考虑到对其他目标的影响。

   (A) 预算方案　(B) 竣工验收　(C) 目标系统　(D) 项目集合体

   答案：(　　)

2. 不同的项目在不同的时期，(　　)的重要程度是不同的。对于项目经理而言，要能处理好在各种条件下信息系统工程项目三大目标间的关系及其重要顺序。

   (A) 预算方案　(B) 目标　(C) 系统　(D) 系统集成

   答案：(　　)

3. 在确定各目标值和对各目标值实施控制时，都要考虑到对其他目标的影响，要进行多方面、多方案的分析、对比，力争费用、质量和进度三大目标的(　　)。

   (A) 统一　(B) 多快好省　(C) 简单明了　(D) 系统集成

   答案：(　　)

4. 综合平衡是把整个项目计划都看做是一个(　　)，不是追求局部的、单指标的最优化，而是寻求系统整体的最优化。

   (A) 规划决策　(B) 反馈控制　(C) 艺术品　(D) 系统

   答案：(　　)

5. 综合平衡是根据客观规律的要求，为实现计划目标，合理地确定各种(　　)，从系统论的角度来说，也就是保持系统内部结构的有序和合理。

   (A) 规划因子　(B) 公共关系　(C) 比例关系　(D) 子系统

答案：(　　)

6. 综合平衡的要素包括项目的(　　)、进度、费用、质量、人力资源、沟通、采购等多个方面，在处理多个冲突问题时平衡的重点是与项目目标实现关联最为紧密的要素。
(A) 用户需求　(B) 可行性　(C) 比例关系　(D) 子系统
答案：(　　)

7. 综合平衡的目标是找到使项目的所有利益相关者达到最大满意度的方案。因此，项目综合平衡的基础就是对于利益相关者期望的(　　)。
(A) 满足　(B) 分析　(C) 比例关系　(D) 认同
答案：(　　)

8. 在信息系统工程项目实施过程中，质量固定时，(　　)可以看做是时间的函数。
(A) 用户需求　(B) 项目变更　(C) 质量　(D) 费用
答案：(　　)

9. 在信息系统工程项目实施过程中，费用固定时，(　　)可以作为时间的函数，质量的高低往往决定是否改变项目的进度计划。
(A) 用户需求　(B) 项目变更　(C) 质量　(D) 费用
答案：(　　)

10. 在信息系统工程项目实施过程中，进度保持不变，项目费用会随着(　　)而改变。
(A) 质量要求　(B) 时间　(C) 合同履行　(D) 制度
答案：(　　)

11. 在信息系统工程项目实施过程中，当项目进度、费用和质量都不固定时，需要做的工作就是在不同的质量水平上进行费用和进度(　　)。
(A) 度量　(B) 平衡　(C) 检测　(D) 统计
答案：(　　)

12. 在项目可行性研究中，会应用到很多(　　)，包括线性规划、多目标规划、决策模型、综合评价模型、层次分析法模型等。
(A) 运筹统计模型　(B) 平衡统计模型
(C) 检测分析模型　(D) 系统工程模型
答案：(　　)

13. 层次分析法(　　)是一种可用于处理复杂项目决策问题的分析方法，是一种定量与定性相结合，将人的主观判断用数量形式表达的处理方法。
(A) BHP　(B) AHE　(C) AHP　(D) AHQ
答案：(　　)

14. 层次分析法的特点是分析思路清楚，有助于人的思维过程系统化、数学化和模型化；要求对问题所包含的因素及关系有全面、明确的了解；适用于多准则、(　　)的复杂问题的决策分析。
(A) 多项目　(B) 多目标　(C) 大范围　(D) 小范围
答案：(　　)

15. 用层次分析法(AHP)进行决策的过程是分析各因素之间的关系，建立系统的递阶层次结构，对同一层次的各元素进行构造两两比较(　　)，计算权重并进行排序。
(A) 判断矩阵　(B) 多目标矩阵　(C) 三维矩阵　(D) 结构矩阵

答案：(　　)

16. 用层次分析法(AHP)进行决策的第一步，首先要对问题有明确的认识，弄清问题的范围，了解问题所包含的因素，确定出各因素之间的联系和(　　)。

(A) 矩阵关系　(B) 传递路线　(C) 连结节点　(D) 隶属关系

答案：(　　)

17. 应用层次分析法分析问题时，要构造出一个层次分析的结构模型。同一层次的元素(　　)对下一层次的某一元素起支配作用，同时它又受到上一层元素的支配。

(A) 连结节点　(B) 传递路线　(C) 作为准则　(D) 隶属关系

答案：(　　)

18. 应用层次分析法分析问题时，递阶层次结构的层次可分为决策层、准则层和(　　)三类。

(A) 节点层　(B) 方案层　(C) 多晶体层　(D) 隶属层

答案：(　　)

19. 应用层次分析法分析问题时，递阶层次结构的层次数一般与问题的复杂程度有关，可能不受限制，但一般情况下所支配的元素不超过(　　)。因为支配的元素过多会给两两比较判断带来困难。

(A) 3 个　(B) 5 个　(C) 6 个　(D) 9 个

答案：(　　)

20. 信息系统工程项目整体管理是指在项目生命期中协调好项目管理(　　)所涉及的过程。

(A) 所有知识领域　(B) 措施　(C) 规划　(D) 计划

答案：(　　)

21. 项目整体管理所包括的几个主要过程有项目计划制订，项目计划执行，(　　)。

(A) 知识领域　(B) 方法措施　(C) 变更控制　(D) 整体设计

答案：(　　)

22. 工程项目整体管理除了要协调整合项目内部的各个方面之外，还要整合项目外部的许多方面。项目整体管理工作必须要与组织的日常持续运作相结合，要进行(　　)与跨组织的综合。

(A) 方法论　(B) 跨知识领域　(C) 变更控制　(D) 整体设计

答案：(　　)

23. 工程项目整体管理包括界面管理。界面管理是指识别和管理项目不同要素间的(　　)。

(A) 联系方法　(B) 跨知识领域点　(C) 变更控制点　(D) 相互作用点

答案：(　　)

24. 项目计划是一个用来协调(　　)计划，以指导项目执行和控制的文件。

(A) 所有其他　(B) 沟通联系　(C) 变更控制　(D) 相互作用

答案：(　　)

25. 项目计划要记录计划的假设以及方案选择，要便于各项目利益相关者之间的沟通，同时还要确定关键的管理审查的内容、需求和进度，并为质量评测和项目控制提供一个(　　)。

(A) 联系路线　(B) 基准线　(C) 联络图　(D) 网络图

答案：(　　)

26. 信息系统工程项目计划的执行是指(　　)项目计划中所规定的工作。
(A) 规划设计　(B) 规划管理　(C) 管理和运行　(D) 整体运作
答案：(　　)
27. 信息系统工程项目整体管理将项目计划和(　　)视为互相渗透、不可分割的活动。制订项目计划的主要目的就是要用来指导项目实施工作。
(A) 规划设计　(B) 规划管理　(C) 日常管理　(D) 项目执行
答案：(　　)
28. 高级管理层的参与支持对项目经理非常重要，主要原因是项目经理需要获取(　　)，经常需要及时获取对项目特殊要求的审批，需要帮助处理一些与其他部门相关的责、权、利问题等。
(A) 足够的资源　(B) 政治资本　(C) 管理权力　(D) 协调权
答案：(　　)
29. 工程项目变更的整体控制是指在项目生命期的(　　)中对变更的识别、评价和管理等工作。
(A) 维护过程　(B) 整体过程　(C) 管理过程　(D) 协调过程
答案：(　　)
30. 项目整体变更控制的三个主要目标是项目管理(　　)，确定变更的发生，变更控制。
(A) 统计分析　(B) 过程划分　(C) 综合平衡　(D) 过程协调
答案：(　　)
31. 项目计划为项目变更的识别和控制提供了基准，(　　)主要依据包括项目计划、计划执行报告和变更申请，形成更新的项目计划、纠正行动和教训记录文档。
(A) 项目统计分析　(B) 过程协调划分
(C) 项目综合平衡　(D) 整体变更控制
答案：(　　)
32. 信息系统工程项目整体管理要遵循管理学的基本原则，包括需求引导、面向用户，效益性原则，整体优化原则，适应变化、(　　)，在管理中重视人的因素，创新与继承性原则等。
(A) 和谐管理　(B) 柔性管理　(C) 整体规划　(D) 变更控制
答案：(　　)
33. 项目(　　)要面向系统、组织、人员三大目标，全面满足项目质量、进度和费用的要求。
(A) 全目标管理　(B) 柔性管理　(C) 整体规划　(D) 和谐管理
答案：(　　)
34. 项目全目标管理中的(　　)包含的内容有组织形式，产权形式，组织结构，财务体制和财务系统人力资源管理的制度和办法等。
(A) 系统目标　(B) 柔性目标　(C) 组织目标　(D) 和谐管理
答案：(　　)
35. 项目全目标管理中的(　　)包含的内容有决策层、管理层、作业层人员的规模和比例，适应系统运行和经营需要的各类专业人员的人数和比例，在编人员和临时人员的人数和比例，全时人员和非全时人员的人数和比例，对各类人员要求的受教育程度、专业背景、能力、素质、年龄、性别、职责等。

(A) 系统目标　(B) 柔性目标　(C) 组织目标　(D) 人员目标

答案：(　　)

36. 信息系统工程项目和项目管理具有显著的(　　)，其项目整合管理要有全局的整合观念。

(A) 目标特征　(B) 整体特征　(C) 个体特征　(D) 差异特征

答案：(　　)

37. 工程项目整合管理的主要内容包括目标整合，(　　)，过程整合三部分。

(A) 方案整合　(B) 设计整合　(C) 系统整合　(D) 差异整合

答案：(　　)

38. 工程项目(　　)的主要内容包括项目利益相关者需求整合，目标大三角整合，目标小三角整合等。

(A) 方案整合　(B) 过程整合　(C) 系统整合　(D) 目标整合

答案：(　　)

39. 工程项目(　　)的内容是要对各种不同的技术和管理方案加以整合，权衡各方面的利弊找出可接受的方案，或取长补短找出折中方案，尽可能地满足各方项目利益相关者的需求。

(A) 方案整合　(B) 过程整合　(C) 系统整合　(D) 目标整合

答案：(　　)

40. 项目管理是一个整体化过程，各组管理过程与项目生命期的各个阶段有紧密的联系。工程项目(　　)的内容是要对项目计划、项目执行、整体变更控制等过程进行有效整合。

(A) 方案整合　(B) 过程整合　(C) 系统整合　(D) 目标整合

答案：(　　)

41. 项目(　　)是指项目的各方利益相关者通常有不同的、甚至互相冲突的需求，项目整体管理要做出权衡，整合他们的需求，使项目目标被所有的项目利益相关者赞同或接受。

(A) 方案整合　(B) 目标小三角整合

(C) 目标大三角整合　(D) 利益相关者需求整合

答案：(　　)

42. 工程项目(　　)是指发包人对项目目标不一定有整体化的理解，因此项目管理要为发包人进行包括系统、组织、人员在内的全目标整合，以实现发包人的需求。

(A) 方案整合　(B) 目标小三角整合

(C) 目标大三角整合　(D) 利益相关者需求整合

答案：(　　)

43. 工程项目(　　)是指工程项目的质量、进度和费用三个目标既互相关联，又互相矛盾。项目整体管理需要整合三者的关系。

(A) 方案整合　(B) 目标小三角整合

(C) 目标大三角整合　(D) 利益相关者需求整合

答案：(　　)

44. 工程项目(　　)要求把各个知识领域计划过程的成果整合起来，包括用户需求调研、质量规划、组织计划、人力资源计划、采购计划等，形成首尾连贯、协调一致、条理清晰的文件。

(A) 计划过程　　(B) 方案整合

(C) 变更控制过程整合　　(D) 执行过程整合

答案：(　　)

45. 工程项目(　　)的内容要求对项目中各个分项、各种技术和各个部门之间的界面进行管理。这些界面往往存在较多的矛盾和冲突需要协调和整合，以使计划得以较顺利地实施。

(A) 计划过程整合　　(B) 方案整合

(C) 变更控制过程整合　　(D) 执行过程整合

答案：(　　)

46. 工程项目(　　)是处理项目计划执行中产生的或多或少的偏离，为了控制和纠正这些偏离，需要采取变更措施，而项目的任何变更都要求多方面的整合。

(A) 计划过程整合　　(B) 方案整合

(C) 变更控制过程整合　　(D) 执行过程整合

答案：(　　)

参考答案：

1. C　2. B　3. A　4. D　5. C　6. A　7. B　8. D　9. C　10. A
11. B　12. D　13. C　14. B　15. A　16. D　17. C　18. B　19. D　20. A
21. C　22. B　23. D　24. A　25. B　26. C　27. D　28. A　29. B　30. C
31. D　32. B　33. A　34. C　35. D　36. B　37. A　38. D　39. A　40. B
41. D　42. C　43. B　44. A　45. D　46. C

二、问答题

1. 工程项目管理综合平衡的原则有哪些？
2. 简述工程项目综合平衡的方法。
3. 简述层次分析法的特点、步骤和结构模型。
4. 项目整体管理包含了哪几个主要过程？
5. 信息系统工程项目计划的主要内容有哪些？
6. 信息系统工程项目变更整体控制的主要目标是什么？
7. 简述信息系统工程项目全目标管理的目标三角形的内容。
8. 什么是信息系统工程项目目标整合、方案整合和过程整合？

第10章 信息系统工程项目合同管理

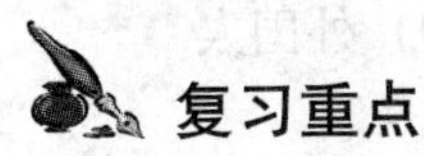

复习重点

信息系统工程项目的建设过程实际上就是合同执行过程。信息系统工程合同属于经济合同的范畴。它是指发包人就信息系统工程项目的设计、开发、实施、监理和维护等环节，与相关单位为实现工程目标、以书面协议形式缔结的具有法律效力的契约，按照工程建设阶段分类有勘察合同、设计合同、实施合同、监理合同和采购合同等；按承揽方式分类有工程总承包合同、单项承包合同、工程分包合同、转包合同、劳务分包合同和联合承包合同等；按计价方式分类有总价合同、单价合同、成本补偿合同等。合同管理是指依据合同规定对当事人的权利和义务进行监督管理的过程。合同的订立管理是指信息系统工程的发包人与承包人、设备材料供应单位等各方间的各种合同进行分析、谈判、协商、拟定、签署等工作。合同的履行管理包括合同约定的工期、质量和费用等控制管理工作，以及合同争议的解决、合同条款的解释及索赔处理等工作的管理。做好信息系统工程合同管理工作的关键是熟悉合同、掌握合同、利用合同对工程项目实施过程的进度、质量、费用实施有效的管理。合同管理的主要内容包括工程变更控制、工程延期管理、工程延误管理、费用索赔与反索赔管理、工程暂停与复工管理、争端与仲裁管理、违约管理、工程分包管理、保险管理等。

一、选择题

1. 信息系统工程项目的建设过程实际上就是合同(　　)。合同是工程项目建设的基本依据。

   (A) 执行过程　　(B) 谈判过程　　(C) 协商过程　　(D) 双方平等互利

   答案：(　　)

2. 信息系统工程项目从招标、投标、设计、实施、试运行、竣工验收到投入使用，涉及项目发包人、设计单位、承包人、(　　)、设备供应商、材料生产厂家等多家单位。

   (A) 政府部门　　(B) 党政机关　　(C) 民间团体　　(D) 监理单位

   答案：(　　)

3. 使信息系统工程项目各参与单位之间建立有机的联系、相互协调、默契配合，共同实现进度、质量、费用三大目标，一个重要的措施就是利用(　　)。

   (A) 权威部门　　(B) 党员带头作用　　(C) 合同手段　　(D) 监理单位

   答案：(　　)

4. 合同的作用是通过经济与法律相结合的方法，将信息系统工程项目所涉及的各单位在平等互利的原则上依法建立起多方的(　　)，以保证信息系统工程项目目标的顺利实现。

   (A) 公共关系　　(B) 权利义务关系　　(C) 沟通渠道　　(D) 监理体制

答案：(　　)

5. 合同又称为契约，其概念有广义和狭义之分。广义的合同泛指一切确立权利义务关系的协议。狭义的合同仅指(　　)的合同。我国的合同法基本上采纳的狭义的合同。

(A) 民法上　　(B) 基本法上　　(C) 国内　　(D) 国际上

答案：(　　)

6. 根据合同法的规定，合同是平等主体的自然人、(　　)、其他组织之间设立、变更、终止民事权利义务关系的协议。

(A) 非自然人　　(B) 公民　　(C) 法人　　(D) 外国人

答案：(　　)

7. 合同具有的主要法律特征包括自愿原则，(　　)，合法性等。

(A) 权威性　　(B) 强制性　　(C) 和谐原则　　(D) 平等协商

答案：(　　)

8. 合同主体是指签订合同的当事人。(　　)、法人、其他组织均可成为合同的主体。

(A) 少数民族　　(B) 公民　　(C) 虚拟主体　　(D) 实体

答案：(　　)

9. 合同客体又称合同(　　)，是指法律关系主体的权利和义务所指向的对象。

(A) 标的　　(B) 标书　　(C) 虚拟主体　　(D) 实体

答案：(　　)

10. (　　)是具有中华人民共和国国籍、依照宪法和法律享有权利和承担义务的自然人。

(A) 社会组织　　(B) 有生命的人　　(C) 人民　　(D) 公民

答案：(　　)

11. 自然人是指基于出生而成为民事法律关系主体的(　　)。自然人的权利和义务始于出生，终于死亡，是国家法律直接赋予的。

(A) 社会组织　　(B) 有生命的人　　(C) 人民　　(D) 公民

答案：(　　)

12. 法人是具有民事权利能力和民事行为能力的(　　)。

(A) 社会组织　　(B) 有生命的人　　(C) 人民　　(D) 公民

答案：(　　)

13. (　　)是指代理人以被代理人的名义在代理权限内，向第三人作出意思表示，所产生的权利和义务直接由被代理人享有和承担的法律行为。

(A) 代办　　(B) 中介　　(C) 代理　　(D) 代表

答案：(　　)

14. 权利是指权利主体依据法律规定和约定，有权按照(　　)为或不为一定行为。

(A) 社会公德　　(B) 义务　　(C) 法律法规　　(D) 自已的意志

答案：(　　)

15. 义务是指义务主体依据法律规定和权利主体的合法要求，必须作出某种行为或不得作出某种行为，以保障权利主体实现其(　　)，否则要承担法律责任。

(A) 要求　　(B) 权益　　(C) 意志　　(D) 理想

答案：(　　)

16. 法定义务对义务人而言是必须履行的，如果不履行法定义务时，国家权力机关就有权依法强制其履行义务，因不履行法定义务造成的后果，还要(　　)。

(A) 罚款　(B) 受到纪律处分
(C) 追究其民事责任　(D) 追究其法律责任

答案：(　　)

17. (　　)是法人与法人之间为实现一定的经济目的，明确相互权利义务关系的协议。这种协议以法律的形式确认和调整合同当事人之间的权利和义务。

(A) 经济合同　(B) 军事同盟　(C) 互助条约　(D) 义工合同

答案：(　　)

18. 信息系统工程合同属于(　　)的范畴。它是指发包人就信息系统工程项目的设计、开发、实施、监理和维护等环节，与相关单位为实现工程目标以书面协议形式缔结的具有法律效力的契约。

(A) 合作合同　(B) 实体合同　(C) 经济合同　(D) 共事合同

答案：(　　)

19. 发生合同纠纷后解决的途径有当事人(　　)，请求其他上级主管部门主持调解，当事人向仲裁机关申请仲裁解决，直接向人民法院提起诉讼。

(A) 强制解决　(B) 自行协商解决　(C) 和平解决　(D) 妥协解决

答案：(　　)

20. 信息系统工程合同的特点有合同条款的复杂性，合同具有法律效力，合同双方的平等性，工程合同的(　　)等。

(A) 强制性　(B) 多面性　(C) 妥协性　(D) 风险性

答案：(　　)

21. 信息系统工程项目合同条款的(　　)是指由于经济法律关系的多元性，以及项目的一次性特点所决定的每一个工程的特殊性，信息系统工程项目在实施过程中受到诸多条件的制约和影响，而这些制约和影响均应以合同条款的形式反映到合同文件中去。

(A) 复杂性　(B) 多面性　(C) 妥协性　(D) 风险性

答案：(　　)

22. 合同具有(　　)是指合同具有法律手段的特殊地位和作用，订立合同是一种法律行为。但合同并不等于法律，合同只有在依法成立时，才具有法律约束力，所以合同的订立必须以法律为前提。

(A) 复杂性　(B) 多面性　(C) 法律效力　(D) 风险性

答案：(　　)

23. 合同与法律的关系表现在法律代表了行为规则的普遍性，而合同则是法律在某一具体问题中的应用，它代表了行为规则的(　　)，普遍性寓于其中。

(A) 复杂性　(B) 特殊性　(C) 平等性　(D) 风险性

答案：(　　)

24. 合同双方的(　　)是指双方当事人在合同范围内处于平等地位，任何一方均不得超越合同规定，强迫他人意志。即使有行政隶属关系的上级和下级，在合同关系上也应是完全平等的。

(A) 复杂性　(B) 特殊性　(C) 平等性　(D) 风险性

答案：(　　)

25. 信息系统工程合同的(　　)是指由于项目合同的经济法律多元性、复杂性，加之投资大，竞争激烈及人们预测能力的局限性等因素影响，使信息系统工程合同必然具有一定的风险。

(A) 复杂性　(B) 特殊性　(C) 平等性　(D) 风险性

答案：(　　)

26. 工程合同的类型按工程建设阶段分类有勘察合同，设计合同，实施合同，(　　)，采购合同等。

(A) 监理合同　(B) 总价合同　(C) 总承包合同　(D) 风险合同

答案：(　　)

27. 工程合同的类型按承揽方式分类有工程(　　)，单项承包合同，工程分包合同，转包合同，劳务分包合同，联合承包合同等。

(A) 监理合同　(B) 总价合同　(C) 总承包合同　(D) 风险合同

答案：(　　)

28. 工程合同的类型按计价方式分类有(　　)，单价合同，成本补偿合同等。

(A) 监理合同　(B) 总价合同　(C) 总承包合同　(D) 风险合同

答案：(　　)

29. 工程(　　)是指发包人与承包人之间签订的包括信息系统工程建设全过程的合同。由承包人负责工程项目的全部实施工作，直至项目竣工，向发包人交付验收合格的全面竣工的工程。

(A) 单项承包合同　(B) 转包合同　(C) 分包合同　(D) 总承包合同

答案：(　　)

30. 工程(　　)是指发包人将信息系统工程中不同子系统(单个项目)的工作任务，分别发包给不同的承包人，并与其签订相应的单项项目合同。

(A) 单项承包合同　(B) 转包合同　(C) 分包合同　(D) 总承包合同

答案：(　　)

31. 工程(　　)是指由总承包人将所承包信息系统工程项目的某部分工程或某单项工程分包给另一分包人完成所签订的合同。总承包人对外分包的工程项目必须经发包人许可。

(A) 单项承包合同　(B) 转包合同　(C) 分包合同　(D) 总承包合同

答案：(　　)

32. 工程(　　)是指承包人之间签订的合同，实际上是承包人将其承包的工程的一部分转包给第三者完成。这样，承包人变成了新的发包人，而第三者成为了承包人。

(A) 单项承包合同　(B) 转包合同　(C) 分包合同　(D) 总承包合同

答案：(　　)

33. 工程(　　)是在工程实施过程中，劳务提供方保证提供完成工程项目所需的全部实施人员和管理人员，不承担劳务项目以外的其他任何风险。

(A) 总价合同　(B) 可调价合同　(C) 联合承包合同　(D) 劳务分包合同

答案：(　　)

34. 工程(　　)是由两个或两个以上的合作单位以一个承包人的名义，为共同承包某一工程项目的全部工作明确相互权利、义务和责任的合同。

(A) 总价合同 (B) 可调价合同 (C) 联合承包合同 (D) 劳务分包合同

答案：( )

35. 工程项目( )是投标人按招标文件要求，与招标人达成一个总价，在总价格下完成合同规定内容。

(A) 总价合同 (B) 可调价合同 (C) 联合承包合同 (D) 劳务分包合同

答案：( )

36. 工程项目总价合同分为总价固定合同和( )两种。

(A) 总价合同 (B) 可调价合同 (C) 联合承包合同 (D) 劳务分包合同

答案：( )

37. 工程项目( )是以固定不变的合同总价承包信息系统工程的方式。适于工期不长、实施内容明确的项目。承包人将承担较大的风险，要为许多不可预见的因素付出代价。

(A) 单价合同 (B) 成本补偿合同 (C) 可调价合同 (D) 总价固定合同

答案：( )

38. 工程项目( )是双方约定在信息系统工程项目建设过程中，允许因发包人变更、通货膨胀、材料价格变动、汇率变化等因素，对合同价格进行调整的合同方式。

(A) 单价合同 (B) 成本补偿合同 (C) 可调价合同 (D) 总价固定合同

答案：( )

39. 工程项目( )是由发包人在招标文件中提供较为详细的工程清单，由承包人填报单价，再以工程量清单和单价表为依据计算出总造价。

(A) 单价合同 (B) 成本补偿合同 (C) 可调价合同 (D) 总价固定合同

答案：( )

40. 工程项目( )也叫成本加酬金合同，指发包人在支付工程实际成本后，再按事先约定的方式支付给承包人的管理费用及利润。

(A) 单价合同 (B) 成本补偿合同 (C) 可调价合同 (D) 总价固定合同

答案：( )

41. 工程项目单价合同分为( )，纯单价合同，单价合同与总价合同结合等方式。

(A) 成本加提成合同 (B) 转包合同

(C) 分包合同 (D) 估计工程量单价合同

答案：( )

42. 工程项目常用的成本补偿合同有成本加固定酬金合同，成本加定比费用合同，成本加目标奖金合同，最大成本加费用合同，( )等。

(A) 成本加提成合同 (B) 转包合同

(C) 分包合同 (D) 估计工程量单价合同

答案：( )

43. 信息系统工程合同的订立，确立了当事人双方的( )，也是双方实施信息系统工程管理，享有权利和承担义务的法律保障。

(A) 利益关系 (B) 合作关系 (C) 经济法律关系 (D) 上下级关系

答案：( )

44. 合同确定了信息系统工程项目实施和管理的主要目标，是合同双方在工程中各种经济活动的依据。合同的(　　)和法律效力使签订合同的各方自觉遵守，有章可循。

(A) 利益关系　(B) 公平性　(C) 经济性　(D) 领导关系

答案：(　　)

45. 信息系统工程项目合同的作用包括有效管理工程进度，保证工程质量，公正地维护合同双方利益，有利于工程建设的(　　)等。

(A) 微观的合同管理　(B) 调整变更

(C) 行政监督　(D) 科学管理

答案：(　　)

46. 合同管理是指依据合同规定对当事人的权利和义务进行监督管理的过程。合同管理可以分为宏观的合同管理和(　　)。

(A) 微观的合同管理　(B) 调整变更

(C) 行政监督　(D) 科学管理

答案：(　　)

47. 宏观合同管理是指国家和政府机关为建立和健全合同制度所开展的管理工作，包括立法工作、行政执法工作、(　　)工作等。

(A) 微观的合同管理　(B) 调整变更

(C) 行政监督　(D) 科学管理

答案：(　　)

48. 微观的合同管理是指企业对合同的管理工作，即从合同条件的拟定、协商、签署、执行情况的检查、分析，以及(　　)等环节进行组织管理工作。

(A) 微观的合同管理　(B) 调整变更

(C) 行政监督　(D) 科学管理

答案：(　　)

49. 信息系统工程项目合同管理是指为了信息系统工程项目建设的顺利实施，严格按照(　　)有关规定，保证工程项目的质量、进度和费用控制在合理的范围内并使其圆满完成的活动。

(A) 合同　(B) 国家标准　(C) 行政监督　(D) 管理制度

答案：(　　)

50. 合同管理的程序包括(　　)，合同订立，合同实施计划编制，合同实施控制，合同后评价。

(A) 合同计划　(B) 订立管理　(C) 行政监督　(D) 合同评审

答案：(　　)

51. 项目合同的(　　)是指工程项目发包人与承包人、设备材料供应单位等各方间的各种合同进行分析、谈判、协商、拟定、签署等工作。

(A) 合同计划　(B) 订立管理　(C) 行政监督　(D) 合同评审

答案：(　　)

52. 项目(　　)应在合同签订之前进行，主要是对招投标文件和合同条件进行全面和深刻的理解评定。信息系统工程合同订立前的项目评估工作包括前期阶段的准备工作和总体策划。

(A) 合同计划　(B) 订立管理　(C) 合同评审　(D) 合同监督

答案：(　　)

53. 工程项目合同评审包括的主要内容有招标工程和合同的(　　)审查，招标文件和合同条款的完备性审查，合同双方责任、权益和项目范围认定，与产品有关要求的评审，投标风险和合同风险评价。

(A) 合法性　　(B) 敏感性　　(C) 程序性　　(D) 操作性

答案：(　　)

54. 工程项目签约前需要进行(　　)，以便对招标文件中没有提到但将来工程实施中可能会遇到的问题，以及招标文件中不明确或有错误的条款提出修正或补充增加的要求。

(A) 合法性咨询　　(B) 广泛咨询　　(C) 程序谈判　　(D) 合同谈判

答案：(　　)

55. 项目招标文件中的所有商务和技术条款是双方合同谈判的基础，任何一方均(　　)另一方提出的超出原招标条件的要求。

(A) 可以咨询　　(B) 可以拒绝　　(C) 必须同意　　(D) 不用考虑

答案：(　　)

56. 合同谈判的步骤包括组建(　　)，事先了解谈判对手，确定基本谈判方针，谈判的议程安排。

(A) 项目经理部　　(B) 项目团队　　(C) 谈判小组　　(D) 咨询小组

答案：(　　)

57. 为进行合同谈判而组建的谈判小组的人数一般为(　　)。谈判小组由熟悉工程承包合同条款、并参加了该项目招标文件编制的技术人员和管理人员组成，小组负责人应具有合同谈判经验。

(A) 3～5 人　　(B) 2～3 人　　(C) 3～7 人　　(D) 5～7 人

答案：(　　)

58. 在进行合同谈判前，要事先了解和熟悉对方的基本情况，包括人员结构、技术能力、仪器设备、工程案例和业绩，以及通常谈判的(　　)等，对取得较好的谈判结果是有益的。

(A) 议程安排　　(B) 人员组成　　(C) 习惯做法　　(D) 主题内容

答案：(　　)

59. 在进行合同谈判前，要事先确定(　　)，包括分析己方和对方的有利、不利条件，制订谈判策略，写出谈判大纲，对关键问题制订出希望达到的上、中、下目标。

(A) 议程安排　　(B) 基本谈判方针　　(C) 项目团队　　(D) 主题内容

答案：(　　)

60. 合同谈判和其他类型的谈判一样，都是一个双方为了各自利益说服对方的过程，而实质上又是一个双方(　　)，最后达成协议的过程。

(A) 相互要求　　(B) 综合平衡　　(C) 互不让步　　(D) 相互让步

答案：(　　)

61. 合同谈判是一门(　　)，需要经验和讲求技巧。为使合同谈判成功和达到预期目的，要做好充分准备、制订好谈判策略、掌握好谈判时机和技巧。

(A) 综合的艺术　　(B) 综合平衡技术　　(C) 互不让步的斗争　(D) 科学技术

答案：(　　)

62. 在进行合同谈判时要善于抓住谈判的(　　)。要防止对方转移视线、回避主要问题，或故意在无关紧要的问题上转圈子，等到谈判结束时再把主要问题提出来，形成对自己不利的结局。

(A) 细节问题　(B) 实质性问题　(C) 斗争策略　(D) 技术要害

答案：(　)

63. 在进行合同谈判时要(　　)、讲礼貌、不卑不亢、平等待人、发言清楚、用词准确。

(A) 多方参与　(B) 领导出面　(C) 注意礼仪　(D) 注重技术问题

答案：(　)

64. 在进行合同谈判时要(　　)，维护己方利益，但不能使用侮辱性语言和有侮辱性的举措。当对方有过激语言或出言不逊时，既要克制又要敢于严正表态，维护尊严。

(A) 多方参与　(B) 领导出面　(C) 注意表情　(D) 坚持原则

答案：(　)

65. 在合同的订立过程中应遵守的基本原则包括(　　)和平等、自愿、公平原则。

(A) 合法原则　(B) 重点原则　(C) 组织原则　(D) 坚持原则

答案：(　)

66. 订立信息系统工程合同时，必须遵守(　　)，包括主体资格合法，合同内容合法、真实，代理合法，程序和形式合法等。

(A) 科学发展观原则　(B) 合法原则　(C) 组织原则　(D) 系统原则

答案：(　)

67. 在订立信息系统工程合同过程中，应遵循(　　)、协商一致的原则。任何一方不得把自己的意志强加给对方，更不得胁迫对方签订合同，任何单位和个人不得非法干预合同的订立。

(A) 科学发展观　(B) 规章制度　(C) 组织原则　(D) 平等互利

答案：(　)

68. 工程合同的订立程序主要包括(　　)和承诺两个阶段。

(A) 谈判　(B) 审查　(C) 要约　(D) 签字

答案：(　)

69. 工程合同的要约是希望和他人订立合同的(　　)。

(A) 意思表示　(B) 要件　(C) 基础　(D) 意愿

答案：(　)

70. 《合同法》要求要约的内容具体、明确，在约定期限内(　　)不得擅自撤回或变更其要约。

(A) 意思表示　(B) 双方协商　(C) 内容　(D) 要约人

答案：(　)

71. 承诺是受要约人(　　)的意思表示。承诺有效成立必须具备的条件有承诺的内容应当与要约的内容一致，承诺须由受要约人或其合法的代理人表示，承诺应当在要约确定的期限内到达要约人。

(A) 意思表示　(B) 不同意要约　(C) 同意要约　(D) 接受要约人

答案：(　)

72. 以竞争形式订立合同时，要约和承诺最典型的表现形式是招标和(　　)。

(A) 投标 (B) 拍卖 (C) 协议 (D) 谈判

答案：( )

73. 合同的( )是指合同管理机关根据当事人的申请，依法证明合同的真实性和合法性的一项法律制度。

(A) 鉴证 (B) 招标 (C) 协议 (D) 谈判

答案：( )

74. ( )工作主要审查的内容包括当事人是否具有相应的权利能力和行为能力，当事人的意思表示是否真实，合同内容是否符合国家的法律和行政法规的要求，合同的主要条款内容是否完备，文字表述是否正确，合同签订是否符合合法定程序等。

(A) 合同谈判 (B) 合同招标 (C) 合同鉴证 (D) 合同公证

答案：( )

75. ( )是国家公证机构根据当事人的申请依法确认合同的合法性与真实性的法律制度。

(A) 合同谈判 (B) 合同招标 (C) 合同鉴证 (D) 合同公证

答案：( )

76. 合同鉴证是国家工商行政管理机关根据合同鉴证法规依法作出的管理行政行为。合同公证是国家司法部领导下的公证机构根据国家公证法规作出的( )。

(A) 谈判条件 (B) 司法行为 (C) 合同审计 (D) 财务审计

答案：( )

77. 公证后的合同具有法定证据效力，公证在国内外都起作用。鉴证( )的效力，且只能在国内起作用。

(A) 不具有强制执行 (B) 具有强制执行

(C) 不具有审计 (D) 具有审计

答案：( )

78. 缔约过失责任是基于合同不成立或合同无效而产生的( )，违反的是合同前义务。

(A) 违反治安条例责任 (B) 行政责任

(C) 刑事责任 (D) 民事责任

答案：( )

79.《合同法》规定，当事人在订立合同中，应承担( )的过错有假借订立合同，进行恶意磋商；故意隐瞒与订立合同有关的重要事实或提供虚假情况；有其他违背诚实信用原则的行为。

(A) 风险责任 (B) 行政责任 (C) 损害赔偿责任 (D) 人事责任

答案：( )

80. ( )是指合同的内容对当事人一方显失公平或当事人一方对合同内容有重大误解时，可以依法变更或撤销的合同。

(A) 不可撤销合同 (B) 可撤销合同 (C) 无效合同 (D) 人事责任

答案：( )

81. 合同( )条款是指没有法律约束力的，当事人约定免除或者限制其未来责任的合同条款。

(A) 无效免责 (B) 有效免责 (C) 无效有责 (D) 有效有责

答案：( )

82. ( )合同是指无论是无效合同还是可撤销合同，如果其无效或被撤销而宣告无效只涉及合同的部分内容，不影响其他部分效力的，则其他部分仍然有效。

(A) 无效免责 (B) 有效免责 (C) 部分无效 (D) 部分有效

答案：( )

83. 合同( )是指合同当事人根据法律规定或双方约定，为确保合同的切实履行而设定的一种权利、义务关系。

(A) 无效 (B) 有效 (C) 投保 (D) 担保

答案：( )

84. 合同担保的法律特征包括( )和预防性两方面。

(A) 有效性 (B) 附属性 (C) 不可反悔 (D) 保证性

答案：( )

85. 合同担保具有( )的作用，只要一方不履行合同，另一方就有权请求履行担保义务或主动行使相应的权利，因而对违约有警戒作用，会产生预防受损的积极效果。

(A) 防止违约 (B) 附属作用 (C) 不可反悔 (D) 投保险

答案：( )

86. 合同担保的( )是指缔约一方为了保证合同的履行，在订立合同前向对方支付一定数额的货币的担保形式。

(A) 质押 (B) 保证人 (C) 定金 (D) 抵押

答案：( )

87. 合同担保的( )是指其以自己的名义和资产作为一名当事人的关系人，向另一方当事人作履行合同的担保的一种方式。

(A) 质押 (B) 保证人 (C) 定金 (D) 抵押

答案：( )

88. ( )是合同当事人一方用自己或第三方财物为另一方当事人提供清偿债务的权利。当义务当事人不履行合同时，权利当事人可以变卖其财物，优先取得补偿。

(A) 质押 (B) 保证人 (C) 定金 (D) 抵押

答案：( )

89. ( )是当事人一方以动产或某种权利作为抵押的一种合同担保形式。债务人不履行合同时，债权人有权以该动产或权利折价或者以拍卖、变卖该动产或权利的价款优先受偿。

(A) 质押 (B) 保证人 (C) 定金 (D) 抵押

答案：( )

90. ( )是用标的物作为合同担保的一种形式，当义务人未能在约定的期限内全面履行合同时，权利人有权处置所留置的财物，留置权的行使必须有法律明文规定，权利人不得违反法律规定滥用留置权。

(A) 质押 (B) 定金 (C) 留置权 (D) 抵押

答案：( )

91. 合同的( )是指合同依法成立以后，当事人双方按照约定的内容和约定的期限、地点和方式，全面完成各自所承担的合同义务，从而使该合同所产生的合同法律关系得以全部实现。

(A) 质押　(B) 履行　(C) 留置权　(D) 抵押

答案：(　　)

92. 合同的(　　)包括合同约定的工期、质量和费用等控制管理工作，以及合同争议的解决、合同条款的解释及索赔处理等工作的管理。

(A) 质押　(B) 履行　(C) 留置权　(D) 履行管理

答案：(　　)

93. 合同履行的原则包括合法原则，诚实信用原则，全面履行原则，(　　)原则。

(A) 实时纠正　(B) 实际履行　(C) 留置权　(D) 优化履行

答案：(　　)

94. 工程项目合同履行管理的具体工作有制订合同(　　)及建立合同管理制度，跟踪检查合同的执行情况，督促签约各方严格履行合同，解决各方对合同条款的争议等。

(A) 实时纠正计划　(B) 实际履行方案　(C) 实施计划　(D) 优化履行方案

答案：(　　)

95. 合同履行管理的第一步是进行合同分析，包括分析合同(　　)，分析合同风险，落实责任。

(A) 实时计划　(B) 履行方案　(C) 优化方案　(D) 漏洞

答案：(　　)

96. 合同(　　)是指为保证全面完成合同规定的各项义务及实现各项权利，以合同实施计划为基准，对整个合同实施过程的全面监督、检查、对比、引导及纠正的管理活动。

(A) 实时计划　(B) 实施控制　(C) 优化方案　(D) 漏洞监督

答案：(　　)

97. 合同(　　)是要经常将合同条款与实际实施情况进行比对，以便根据合同条款执行情况来掌握项目的进展。合同履行监督工作主要由监理单位承担。

(A) 实时计划　(B) 谈判方案　(C) 优化方案　(D) 履行监督

答案：(　　)

98. 合同履行结束后合同即告终止。组织应及时进行合同后评价，总结合同签订和执行过程中的经验教训，提出(　　)。

(A) 总结报告　(B) 谈判方案　(C) 优化方案　(D) 履行监督

答案：(　　)

99. 信息系统工程合同管理的主要内容包括工程变更控制、工程延期管理、工程延误管理、费用索赔与反索赔管理、工程暂停与复工管理、争端与仲裁管理、违约管理、工程分包管理、(　　)等。

(A) 总结报告　(B) 谈判管理　(C) 保险管理　(D) 履行监督

答案：(　　)

100. 合同(　　)包括变更协商、变更处理程序、制订并落实变更措施、修改与变更相关的资料以及结果检查等工作，确保变更的合理性和正确性。

(A) 总结报告　(B) 变更管理　(C) 保险管理　(D) 履行监督

答案：(　　)

101. 造成信息系统工程变更的原因有外部环境变化，(　　)变化，技术更新换代，业务流程变化，品牌型号的变化，系统扩充升级，安全控制管理的变化，土建装修工程拖期。

(A) 优化方案　(B) 实时计划　(C) 保险管理　(D) 用户需求

答案：(　)

102. 处理合同变更的原则有修正错误，变更(　)；任何变更都要得到三方确认；对变更申请要及时处理；明确界定项目变更的目标和范围；加强变更风险以及变更效果的评估；及时公布变更信息。

(A) 越早越好　(B) 实时计划　(C) 保险管理　(D) 用户需求

答案：(　)

103. 工程项目变更控制的工作流程包括及时了解项目变化，提出变更申请，(　)，变更分析，确定变更方法，监控变更的实施等步骤。

(A) 变更规划　(B) 变更计划　(C) 变更初审　(D) 变更要求

答案：(　)

104. 项目合同变更是指对有效成立的合同就其内容，即当事人的(　)进行变更(增减、修改)的过程。它不包括合同主体的变更和合同标的的变更。

(A) 所属关系　(B) 权利、义务　(C) 办公地址　(D) 经营范围

答案：(　)

105. 合同主体的变更叫做合同的(　)。合同标的变更会导致原有合同关系的终止和新合同关系的产生，即相当于将原合同解除后重新订立一项新的合同。

(A) 不可抗力　(B) 非自然中止　(C) 自然中止　(D) 转让

答案：(　)

106. 合同变更的条件包括(　)，符合合同订立的基本原则，不损害合同履行的基本原则，不变更合同难以履行下去，合同变更协议的内容应明确，因合同变更所造成的损失应赔偿。

(A) 双方协商一致 (B) 非自然中止　(C) 自然中止　(D) 不可抗力

答案：(　)

107. 合同中的(　)是指发包人和监理单位虽然没有发布书面的工程变更通知或变更令，但实际上要求承包人干的工作已经与原合同不同或有额外的工作。

(A) 双方协商一致 (B) 非自然中止　(C) 自然中止　(D) 推定变更

答案：(　)

108. (　)是指按工程承建合同的有关规定，由于非承包人自身原因造成的，经监理工程师书面批准的合理竣工期限的延长。它不包括由于承包人自身原因造成的工期延误。

(A) 工程费用索赔　(B) 工程延误

(C) 工程延期　(D) 工程费用反索赔

答案：(　)

109. (　)是指承包人的原因所致，由于某种原因未能按合同规定的时间完成工程项目，造成工程延误。

(A) 工程费用索赔　(B) 工程延误

(C) 工程延期　(D) 工程费用反索赔

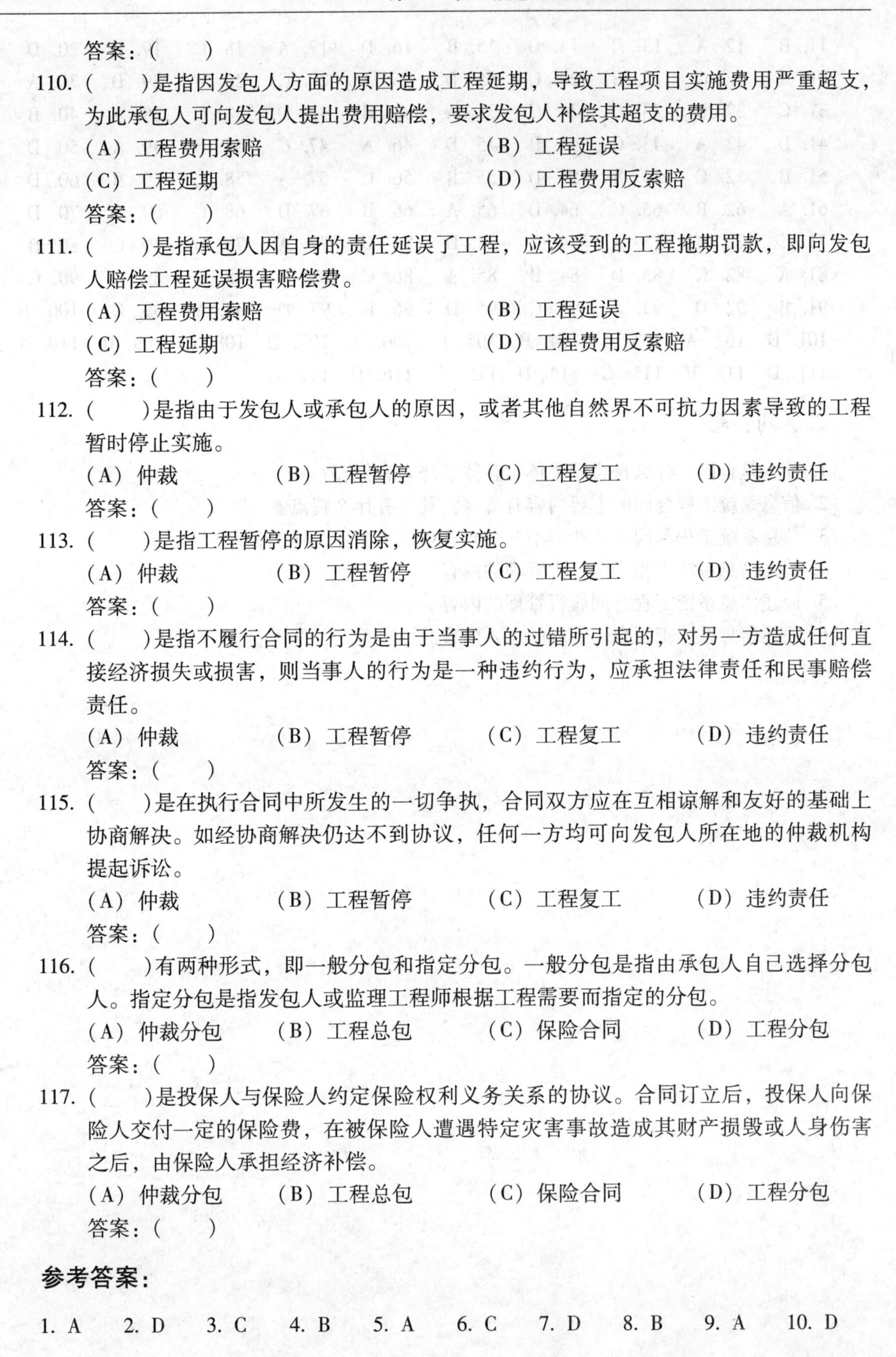

答案：(　　)

110. (　　)是指因发包人方面的原因造成工程延期，导致工程项目实施费用严重超支，为此承包人可向发包人提出费用赔偿，要求发包人补偿其超支的费用。

(A) 工程费用索赔　　(B) 工程延误

(C) 工程延期　　(D) 工程费用反索赔

答案：(　　)

111. (　　)是指承包人因自身的责任延误了工程，应该受到的工程拖期罚款，即向发包人赔偿工程延误损害赔偿费。

(A) 工程费用索赔　　(B) 工程延误

(C) 工程延期　　(D) 工程费用反索赔

答案：(　　)

112. (　　)是指由于发包人或承包人的原因，或者其他自然界不可抗力因素导致的工程暂时停止实施。

(A) 仲裁　　(B) 工程暂停　　(C) 工程复工　　(D) 违约责任

答案：(　　)

113. (　　)是指工程暂停的原因消除，恢复实施。

(A) 仲裁　　(B) 工程暂停　　(C) 工程复工　　(D) 违约责任

答案：(　　)

114. (　　)是指不履行合同的行为是由于当事人的过错所引起的，对另一方造成任何直接经济损失或损害，则当事人的行为是一种违约行为，应承担法律责任和民事赔偿责任。

(A) 仲裁　　(B) 工程暂停　　(C) 工程复工　　(D) 违约责任

答案：(　　)

115. (　　)是在执行合同中所发生的一切争执，合同双方应在互相谅解和友好的基础上协商解决。如经协商解决仍达不到协议，任何一方均可向发包人所在地的仲裁机构提起诉讼。

(A) 仲裁　　(B) 工程暂停　　(C) 工程复工　　(D) 违约责任

答案：(　　)

116. (　　)有两种形式，即一般分包和指定分包。一般分包是指由承包人自己选择分包人。指定分包是指发包人或监理工程师根据工程需要而指定的分包。

(A) 仲裁分包　　(B) 工程总包　　(C) 保险合同　　(D) 工程分包

答案：(　　)

117. (　　)是投保人与保险人约定保险权利义务关系的协议。合同订立后，投保人向保险人交付一定的保险费，在被保险人遭遇特定灾害事故造成其财产损毁或人身伤害之后，由保险人承担经济补偿。

(A) 仲裁分包　　(B) 工程总包　　(C) 保险合同　　(D) 工程分包

答案：(　　)

参考答案：

1. A　2. D　3. C　4. B　5. A　6. C　7. D　8. B　9. A　10. D

11. B 12. A 13. C 14. D 15. B 16. D 17. A 18. C 19. B 20. D
21. A 22. C 23. B 24. C 25. D 26. A 27. C 28. B 29. D 30. A
31. C 32. B 33. D 34. C 35. A 36. B 37. D 38. C 39. A 40. B
41. D 42. A 43. C 44. B 45. D 46. A 47. C 48. B 49. A 50. D
51. B 52. C 53. A 54. D 55. B 56. C 57. A 58. C 59. B 60. D
61. A 62. B 63. C 64. D 65. A 66. B 67. D 68. C 69. A 70. D
71. C 72. B 73. A 74. C 75. D 76. B 77. A 78. D 79. C 80. B
81. A 82. C 83. D 84. B 85. A 86. C 87. B 88. D 89. A 90. C
91. B 92. D 93. A 94. C 95. D 96. B 97. D 98. A 99. C 100. B
101. D 102. A 103. C 104. B 105. D 106. A 107. D 108. C 109. B 110. A
111. D 112. B 113. C 114. D 115. A 116. D 117. C

二、问答题

1. 什么是合同？什么是合同主体、客体、法人和代理？
2. 信息系统工程合同的主要内容有哪些？其具有什么特点？
3. 信息系统工程合同有哪些类型？合同管理应遵循什么样的程序？
4. 简述信息系统工程合同订立管理的内容。
5. 简述信息系统工程合同履行管理的内容。
6. 简述信息系统工程合同管理的主要内容。

第 11 章 信息系统工程项目信息管理

复习重点

信息系统工程项目管理工作是以信息为基础的。在信息系统工程项目实施过程中，信息管理贯穿整个工程实施的各个阶段。其信息表现形式多样，分类方法可以按照项目管理职能分类，按照项目信息来源分类，按照信息的流向分类，按照信息的稳定程度分类，按照项目实施的阶段分类，按照信息的形态分类，以及其他类型信息等。信息管理应满足的要求包括有时效性和针对性，有必要的精度，实现信息效益最大化，工程资料的档案管理规范化，以及配备熟悉工程管理业务、经过培训的人员担任信息管理工作等。为实现信息系统工程项目的信息管理，必须对项目信息进行编码。信息编码工作要遵循的原则包括唯一性、稳定性、可扩充性、标准化和通用性、逻辑性与直观性、精练性、规范性和等长原则等。编码的方法有顺序编码、成批编码、多面码、十进制码和文字数字码等。

在信息系统工程项目实施过程中要收集各种原始信息，信息采集的途径主要通过项目情况记录和会议纪要两种方式。为了使信息有效地发挥作用，必须在信息处理过程中符合及时、准确、适用和经济的要求。项目信息的处理内容包括收集、加工、传输、存储、检索和输出等。信息系统工程项目文件资料的归档整理，一般于工程竣工验收后一个月内装订完成，经总监理工程师审核后移交发包人；特大型信息系统工程项目文件资料的归档移交时间不得超过三个月；存档的文件资料需要借阅时应办理借阅和归还手续。信息系统工程项目文档管理工作包括文档计划、编写、修改、形成、分发和维护等几个方面。按国家档案管理条例的要求，信息系统工程项目竣工验收时要提供齐全的竣工资料，经过分析整理、编制归档。在对信息系统工程项目实体和应用软件系统进行全面验收之前，首先要对全套完整的工程资料和文档进行全面验收。信息系统工程项目资料归档一般按工程项目、单位工程的划分，以及文件资料属类等内容进行组卷。相同属类的文件资料较多，如果以若干分册装订时，每册页数最好不超过 200 页，应有资料总目录、本卷、本册目录，并统一编制页码。如果不能连续编制页码，可以采用卷、册编号加页码编号的连写形式。归档的文件资料应统一使用 A4 规格复印纸，必须加大时，可扩大到 A3 纸。封面采用符合档案要求的硬纸，装订要达到城建档案馆的要求。

一、选择题

1. 项目实施过程中的主要任务是进行目标控制，控制的(　　)是各类与项目相关的信息，对任何目标的控制只有在这些信息的支持下才能有效地进行。

   (A) 过程　　(B) 目的　　(C) 基础　　(D) 结果

   答案：(　　)

2. 信息系统工程项目信息的类型，按照项目管理的职能分类有成本控制信息，进度控制信息，质量控制信息，(　　)等。

（A）监理提供的信息　　（B）横向流动的项目信息
（C）动态信息　　（D）合同管理信息
答案：（　）

3. 信息系统工程项目信息的类型，按照项目信息来源分类可以分为项目内部信息，项目外部信息，发包人提供的信息，承包人提供的信息，（　），以及来自其他方面的信息。
（A）监理提供的信息　　（B）横向流动的项目信息
（C）动态信息　　（D）合同管理信息
答案：（　）

4. 工程项目信息的类型，按照信息流向分类可以分为自上而下的信息，自下而上的信息，（　）等。
（A）监理提供的信息　　（B）横向流动的项目信息
（C）动态信息　　（D）合同管理信息
答案：（　）

5. 信息系统工程项目信息的类型，按照信息的稳定程度分类可以分为静态信息，（　）等。
（A）监理提供的信息　　（B）横向流动的项目信息
（C）动态信息　　（D）合同管理信息
答案：（　）

6. 信息系统工程项目信息的类型，按照项目实施阶段分类可以分为项目启动阶段的信息，项目规划设计阶段的信息，项目实施阶段的信息，项目收尾阶段的信息，（　）的信息等。
（A）质保期阶段　（B）原始记录　（C）静态　（D）电子
答案：（　）

7. 信息系统工程项目信息的类型，按照信息的形态分类可以分为书面形式的信息，口头表达信息，多媒体信息，（　）信息，以其他形式表达的信息等。
（A）质保期阶段　（B）原始记录　（C）静态　（D）电子
答案：（　）

8. 信息系统工程项目的其他类型信息有（　）信息，测试信息，环境信息等。
（A）质保期阶段　（B）原始记录　（C）静态　（D）电子
答案：（　）

9. 信息系统工程项目信息的重要性表现在：信息是项目实施不可缺少的资源；信息是项目（　）；信息是进行项目决策的依据；信息是协调项目各参与单位之间关系的纽带等。
（A）润滑剂　（B）原始记录　（C）控制的基础　（D）成功的保障
答案：（　）

10. 信息系统工程项目信息管理的目的是通过有组织的（　），使项目管理人员及时掌握完整、准确的信息，为进行科学的决策提供可靠的依据。
（A）项目活动　（B）会议记录　（C）集体行动　（D）信息流通
答案：（　）

11. 信息系统工程项目管理人员在明确项目（　）的基础上对项目信息进行收集、加工、存储、传递、分析和运用的过程就是信息管理。

(A) 信息流程 (B) 会议议程 (C) 集体行动 (D) 组织协调

答案：( )

12. 信息管理应满足的要求包括有时效性和针对性，有必要的( )，实现信息效益最大化，工程资料的档案管理规范化，配备熟悉工程管理业务、经过培训的人员担任信息管理工作等。

(A) 记录 (B) 精度 (C) 行动 (D) 组织协调

答案：( )

13. 项目信息管理计划的制订应以项目管理实施规划中的有关内容为依据。在项目执行过程中，应定期检查其( )并根据需要进行计划调整。

(A) 记录 (B) 精度 (C) 实施效果 (D) 测试结果

答案：( )

14. 信息管理计划应包括信息需求分析，信息( )，信息流程，信息管理制度以及信息的来源、内容、标准、时间要求、传递途径、反馈的范围、人员以及职责和工作程序等内容。

(A) 编码系统 (B) 精度 (C) 实施效果 (D) 测试结果

答案：( )

15. 项目信息编码系统应有助于提高信息的结构化程度，方便使用，并且应与( )保持一致。

(A) 测试结果 (B) 信息精度

(C) 实施效果 (D) 企业信息编码

答案：( )

16. ( )应反映企业内部信息流和有关的外部信息流及各有关单位、部门和人员之间的关系，并有利于保持信息畅通。

(A) 测试结果 (B) 信息流程

(C) 资金流 (D) 企业信息编码

答案：( )

17. 信息过程管理应包括信息的收集、加工、传输、存储、检索、输出和反馈等内容，宜( )进行信息过程管理。

(A) 组织群众 (B) 全面地 (C) 使用计算机 (D) 系统地

答案：( )

18. 在信息计划的实施中，应定期检查信息的有效性和( )，不断改进信息管理工作。

(A) 虚拟性 (B) 可靠性 (C) 稳定性 (D) 信息成本

答案：( )

19. 典型的项目信息编码包括项目分解结构(PBS)编码、工作分解结构( )编码、组织分解结构(OBS)编码、资源分解结构(RBS)编码和费用分解结构(CBS)编码等。

(A) WBS (B) WCS (C) ABS (D) WDS

答案：( )

20. 在项目信息管理中，编码有两个作用：可以为每个信息提供一个精练和便于记忆的( )，便于信息的分类、储存和处理；可以提高数据处理的效率，节省处理时间。

（A）图像　　（B）符号　　（C）类型　　（D）卡片

答案：（　　）

21. 信息编码是信息管理的基础，进行信息编码工作时要遵循的原则包括（　　），稳定性，可扩充性，标准化和通用性，逻辑性与直观性，精练性，规范性，等长原则等。

（A）可靠性　　（B）安全性　　（C）指定性　　（D）唯一性

答案：（　　）

22. 编码的方法有顺序编码，成批编码，多面码，（　　），文字数字码等。

（A）二进制码　　（B）十六进制码

（C）十进制码　　（D）三十二进制码

答案：（　　）

23. 高效的信息管理必须要有一套严谨的（　　），其内容应包括信息类别、信息清单、信息流程和项目经理部所有成员的职责规定等。

（A）设计规程　　（B）信息管理制度

（C）工作流程　　（D）人员管理制度

答案：（　　）

24. 工程项目承包人应对整个项目的实施过程予以记录，每个工作日都要按时写工程实施日志和质量检查日志。同时，监理每天也要写工程（　　），每天都要详细记录有关工程的一切情况。

（A）监理日志　　（B）检查日志

（C）进度报告　　（D）文档资料管理制度

答案：（　　）

25. 工程项目信息管理制度必须包括一套行之有效的项目（　　），做好项目有关方面资料档案的收集、整理、归档、立卷、保管工作。

（A）设计规程　　（B）工作流程

（C）人员管理制度　　（D）文档资料管理制度

答案：（　　）

26. 工程项目每个参与单位组织内部都存在五种信息流：自上而下的信息流，自下而上的信息流，横向之间的信息流，组织与环境之间交流的信息，（　　）。

（A）设计规划信息　　（B）工作信息

（C）外部环境信息　　（D）文档资料信息

答案：（　　）

27. 工程项目（　　）的建立包括两方面的内容：一是项目情况记录，二是会议纪要。

（A）设计规划制度　　（B）信息采集制度

（C）外部环境信息　　（D）信息管理制度

答案：（　　）

28. 工程项目情况记录的内容有很多，主要有两大方面的内容。一是（　　）情况记录，二是项目经理对现场情况所存在问题的处理意见或处理结果记录。

（A）实施现场　　（B）信息采集　　（C）外部环境　　（D）信息管理

答案：（　　）

29. 工程项目实施现场的工地会议形式很多，一般有开工会议、（　　）、现场协调会议、专题会议等几种。

(A) 实施现场会　(B) 信息交流会　(C) 工程例会　(D) 信息管理会

答案：(　　)

30. (　　)是为解决项目实施过程中存在的问题而定期召开的，一般每周一次。

(A) 实施现场会　(B) 信息交流会　(C) 聚餐会　(D) 工程例会

答案：(　　)

31. 工程项目实施现场召开的各种工地会议都应有(　　)，并分发给各有关单位。

(A) 主管部门参加　(B) 会议纪要

(C) 会议议程　(D) 参会人员记录

答案：(　　)

32. 在信息系统工程项目实施过程中，要使项目信息有效地发挥作用，必须在信息处理过程中符合及时、准确、(　　)和经济的要求。

(A) 整理　(B) 传输　(C) 快速　(D) 适用

答案：(　　)

33. 工程项目信息的处理内容包括收集、加工、传输、存储、检索、(　　)等步骤。

(A) 输出　(B) 整理　(C) 输入　(D) 使用

答案：(　　)

34. 项目信息(　　)方式是一种最简单、最原始的信息处理方式。

(A) 输出　(B) 整理　(C) 手工处理　(D) 计算机处理

答案：(　　)

35. 项目信息(　　)方式的特点是速度快、存储量大、准确性高，信息处理起来不仅自动、快捷、方便，而且可以通过计算机网络系统进行远程传输、检索和输出，真正做到信息共享。

(A) 输出　(B) 整理　(C) 手工处理　(D) 计算机处理

答案：(　　)

36. 信息系统工程项目(　　)是指在项目实施过程中形成的各种原始文字记录。它既是项目实施工作中各项控制管理工作的依据和凭证，又反映了项目实施人员的素质和项目经理的管理能力、水平。

(A) 设计方案　(B) 文档资料　(C) 施工图纸　(D) 信息

答案：(　　)

37. 信息系统工程项目文档资料根据反映的内容可以分为(　　)，工程经济及技术资料类，工程设计、采购、开发、安装、测试过程文件，竣工验收类文件，监理工作文件类等几种类型。

(A) 文件合同类　(B) 电子信息类　(C) 施工图纸　(D) 知识信息

答案：(　　)

38. 信息系统工程项目文档资料中的(　　)包括项目实施前期的政府文件，可行性研究报告，招投标书，项目合同，用户需求分析报告，相关实验报告，勘察、设计、安装实施、监理材料等。

(A) 监理工作文件类　(B) 竣工验收类文件

(C) 文件合同类　(D) 工程经济及技术资料类

答案：(　　)

39. 信息系统工程项目文档资料中的(　　)包括承包人资质论证、项目实施方案审批、技术方案、工艺流程、工程变更、项目实际进度检查记录、工程质量检验记录、工程概预算、工程款实际支付情况。

(A) 监理工作文件类　　(B) 竣工验收类文件

(C) 文件合同类　　(D) 工程经济及技术资料类

答案：(　　)

40. 信息系统工程项目文档资料中的(　　)包括验收、测试记录、竣工核定书、保修合同、质量合格证书等。该类文件是工程项目的收尾工作记录，用于对信息系统工程项目质量进行质量评定。

(A) 监理工作文件类　　(B) 竣工验收类文件

(C) 文件合同类　　(D) 工程经济及技术资料类

答案：(　　)

41. 信息系统工程项目文档资料中的(　　)包括监理大纲、监理规划、监理细则、监理通知、监理日志、监理周报和月报，以及监理工作总结等。该类文件是管理和控制工程项目实施情况的手段。

(A) 监理工作文件类　　(B) 竣工验收类文件

(C) 文件合同类　　(D) 工程经济及技术资料类

答案：(　　)

42. 信息系统工程项目文件资料的归档整理，一般于工程竣工验收后一个月内装订完成，经总监理工程师审核后移交发包人；特大型信息系统工程项目文件资料的归档移交时间不得超过(　　)。

(A) 一个半月　　(B) 两个月　　(C) 三个月　　(D) 四个月

答案：(　　)

43. 工程档案应与工程(　　)同步建立，按类别及时整理归档，要求真实齐全、纸张统一，编有检索目录，便于查询。

(A) 项目计划　　(B) 项目进展　　(C) 项目工期　　(D) 形象进度

答案：(　　)

44. 工程项目文档资料的日常管理由技术负责人或项目经理负责，指定专人进行项目文档资料管理。收发、借阅必须通过资料管理员履行手续。(　　)可以建立临时文件夹便于查阅，月末按统一编目建立案卷盒存放保管。

(A) 当天资料　　(B) 当月资料　　(C) 上月资料　　(D) 季度资料

答案：(　　)

45. 工程项目文档的(　　)是指某一类型的文档究竟应该保存多长时间，这个问题应该根据国家档案管理相关的要求，统一进行规定。

(A) 存档标准　　(B) 当月资料　　(C) 以往资料　　(D) 存档资料

答案：(　　)

46. 信息系统工程项目(　　)工作包括建立文档管理制度，编制文档计划，以及文档编写、修改、形成、分发和维护等几个方面。

(A) 存档标准　　(B) 当月资料整理　　(C) 以往资料整理　　(D) 文档管理

答案：(　　)

47. 按(　　)的要求，信息系统工程项目竣工验收时要提供齐全的竣工资料，经过分析整理、编制归档。
(A) 工程标准　　(B) 计算机管理
(C) 国家档案管理条例　　(D) 工程进展
答案：(　　)

48. 在对工程项目实体和应用软件系统进行全面验收之前，首先要对全套完整的工程(　　)进行全面验收，包括施工记录、检测报告、竣工图纸、软件文档和源代码等。
(A) 设计图纸　　(B) 资料和文档
(C) 验收报告　　(D) 工程进展报告
答案：(　　)

49. 信息系统工程项目资料归档的方法一般按工程项目、单位工程的划分，以及文件(　　)等内容进行组卷。归档的文件资料应统一使用 A4 规格复印纸，必须加大时，可扩大到 A3 纸。
(A) 目录　　(B) 资料　　(C) 验收报告　　(D) 资料属类
答案：(　　)

50. 信息系统工程项目资料相同属类的文件资料较多，如果以若干分册装订时，每册页数不超过(　　)，应有资料总目录、本卷、本册目录，并统一编制页码。
(A) 100 页　　(B) 150 页　　(C) 200 页　　(D) 250 页
答案：(　　)

参考答案：

1. C　2. D　3. A　4. B　5. C　6. A　7. D　8. B　9. C　10. D
11. A　12. B　13. C　14. A　15. D　16. B　17. C　18. D　19. A　20. B
21. D　22. C　23. B　24. A　25. D　26. C　27. B　28. A　29. C　30. D
31. B　32. D　33. A　34. C　35. D　36. B　37. A　38. C　39. D　40. B
41. A　42. C　43. D　44. B　45. A　46. D　47. C　48. B　49. D　50. C

二、问答题

1. 信息系统工程项目信息是怎样分类的？
2. 简述信息系统工程项目信息管理的重要性。
3. 信息系统工程项目信息管理应满足哪些要求？
4. 典型的项目信息编码有哪几类？信息编码的原则、方法有哪些？
5. 信息系统工程项目信息流有哪些？
6. 简述信息系统工程项目情况记录和会议纪要的内容。
7. 简述项目信息处理的要求、内容和方式。
8. 信息系统工程项目文档是怎样分类的？文档管理的原则、任务和方法有哪些？
9. 简述信息系统工程项目文件资料归档的方法。

第 12 章 信息系统工程项目沟通管理和组织协调

复习重点

沟通就是信息的交流。沟通不畅几乎是每个信息化建设工程都会遇到的问题，工程项目的规模越大、技术越复杂，其沟通就越困难。沟通和协调技能不仅是项目经理最应具备的，而且也是项目组其他成员必须具备的基本技能。沟通方式的类型有正式沟通和非正式沟通，上行沟通、下行沟通和平行沟通，书面沟通、口头沟通和电子沟通，单向沟通和双向沟通，言语沟通和体语沟通等。沟通管理是对项目信息交流的管理，其包括对信息传递的内容、方法和过程进行全面的管理。沟通计划是一个指导项目沟通的文件。它是项目整体计划的一部分，内容包括归档的规章制度，信息收集的渠道，信息发送的渠道，重要信息的格式，信息流转日程表，信息访问的权限安排等。信息发送是指把信息在适当的时间、以标准的格式送给适当的人。提高沟通技能的措施和方法包括改进沟通观念和体制，沟通方式的多样化，等距离沟通，变单向沟通为双向沟通，提高沟通效率，改善沟通的技巧，重视沟通基础设施的建设，提高倾听能力，沟通技能培训学习，召开有效的会议，来自心灵的有效沟通等。

信息系统工程项目的特点是技术新、风险高。任何事物当风险高时，矛盾冲突就不可避免。协调是采用调节和理顺的方法，通过沟通理解与协商谈判手段，使各方达成一致。信息系统工程组织协调工作的原则是坚持项目利益第一，全局利益第一。方便他人，也方便自己。通常组织协调解决矛盾冲突的方法是召开工程例会和现场协调会等。

一、选择题

1. 沟通是保持项目顺利进行的润滑剂。尽管技术对沟通过程有帮助作用，是沟通过程里最容易处理的方面，但不是沟通过程里最重要的方面，最重要的应是提高一个组织的(　　)。

   (A) 沟通过程　　(B) 沟通目的　　(C) 沟通基础　　(D) 沟通能力

   答案：(　　)

2. (　　)几乎是每个信息化建设工程都会遇到的问题，工程项目的规模越大、技术越复杂，其沟通就越困难。其实，沟通不仅是项目经理最应具备的技能，而且也是项目组其他成员必须具备的基本技能。

   (A) 沟通过程　　(B) 沟通不畅　　(C) 沟通基础　　(D) 沟通能力

   答案：(　　)

3. 沟通是人与人之间就某些课题磋商共同的意见，即人们必须交换和适应相互的(　　)，直到每个人都能对所讨论的意见有一个共同的认识。

   (A) 思维模式　　(B) 理念　　(C) 表演动作　　(D) 沟通能力

   答案：(　　)

4. 沟通就是信息的(　　)。具体来说，沟通是信息的发出者将信息传递给接收者，以期接收者作出响应的过程。有效沟通是指人们有效地进行信息交流的技术和能力。
(A) 思维　　(B) 标识　　(C) 交流　　(D) 处理
答案：(　　)

5. 项目(　　)应包括项目经理部与企业管理层、项目经理部内部的各部门和主要成员之间的沟通。(　　)应依据项目沟通计划、规章制度、项目管理目标责任书、控制目标等进行。
(A) 信息传递　　(B) 内部沟通　　(C) 外部沟通　　(D) 信息处理
答案：(　　)

6. 项目内部沟通可以采用(　　)、会议、培训、检查、项目进度报告、思想教育、考核激励等方式。
(A) 沟通过程　　(B) 宣传媒体　　(C) 沟通基础　　(D) 授权
答案：(　　)

7. 项目外部沟通应包括组织与发包人、承包人、分包人、供应商等之间的沟通。外部沟通应依据项目沟通计划、合同和合同变更资料、相关法律法规、(　　)和项目具体情况等进行。
(A) 社会公德　　(B) 虚拟环境　　(C) 技术实体　　(D) 天气预报
答案：(　　)

8. 项目外部沟通可以采用召开会议、联合检查、(　　)和项目进度报告等方式。
(A) 模拟仿真　　(B) 虚拟世界　　(C) 宣传媒体　　(D) 授权
答案：(　　)

9. 沟通方式的类型有正式沟通和非正式沟通，上行沟通、下行沟通和平行沟通，书面沟通、口头沟通和电子沟通，单向沟通和双向沟通，言语沟通和(　　)等。
(A) 漂流瓶交流　　(B) 体语沟通　　(C) 宣传媒体　　(D) 意念交流
答案：(　　)

10. 沟通管理就是对项目(　　)的管理，包括对信息传递的内容、方法和过程进行全面的管理。
(A) 人际关系　　(B) 口头沟通　　(C) 宣传媒体　　(D) 信息交流
答案：(　　)

11. 项目沟通管理确保通过正式的(　　)，及时和适当地对项目信息进行收集、分发、储存和处理，并对非正式的沟通网络进行必要的控制，以利于项目目标的实现。
(A) 结构和步骤　　(B) 书面沟通　　(C) 宣传媒体　　(D) 信息交流
答案：(　　)

12. 项目沟通管理的工作过程包括编制沟通计划，信息发送，(　　)，管理收尾。
(A) 口头沟通　　(B) 书面沟通　　(C) 绩效报告　　(D) 信息交流
答案：(　　)

13. 消除(　　)的方法包括选择适宜的沟通途径，充分利用反馈，组织沟通检查，灵活运用各种沟通方式。
(A) 缺乏诚信　　(B) 沟通障碍　　(C) 绩效低下　　(D) 项目风险
答案：(　　)

14. 项目(　　)是指针对项目利益相关者的沟通需求进行分析，从而确定谁需要什么信息、什么时候需要这些信息，以及采取何种方式将信息提供给他们等。
(A) 网络沟通　(B) 书面沟通　(C) 肢体沟通　(D) 沟通计划
答案：(　　)
15. 项目沟通计划应包括信息沟通方式和途径，信息收集归档格式，信息的发布与使用权限，沟通管理计划的调整以及(　　)和假设等内容。组织应定期对项目沟通计划进行检查、评价和调整。
(A) 约束条件　(B) 模型　(C) 规划设计　(D) 沟通风险
答案：(　　)
16. 编制项目沟通计划依据的资料有合同文件，项目各相关组织的信息需求，项目的实际情况，项目的组织结构，沟通方案的约束条件、假设，以及适用的(　　)等。
(A) 约束设备　(B) 方案模型　(C) 沟通基础设施　(D) 沟通技术
答案：(　　)
17. 项目(　　)的主要内容包括归档的规章制度，信息收集的渠道，信息发送的渠道，重要信息的格式，信息流转日程表，信息访问的权限安排，更新沟通计划的方法，项目利益相关者的沟通分析等。
(A) 沟通设备　(B) 沟通基础设施　(C) 沟通计划　(D) 沟通技术
答案：(　　)
18. 项目(　　)是指项目信息创建、收集和发送的日程安排，包括所有项目文件的编写、起草、报送、评审、批准、接收、归档的日程安排，以及一些重要会议的日程安排等。
(A) 沟通模型　(B) 信息流转日程表　(C) 沟通计划　(D) 沟通权限
答案：(　　)
19. 根据项目经理部成员工作岗位的性质、职责范围和完成任务的需要，信息访问的(　　)是分密级、类别等级、岗位和分人进行安排的。
(A) 权限　(B) 流转日程表　(C) 沟通计划　(D) 沟通技术
答案：(　　)
20. (　　)沟通计划的方法主要包括信息更新的依据、修改的时间安排和修改程序，以及在信息发送之前查找现时信息的各种方法。
(A) 控制和细化　(B) 流转日程表　(C) 更新和细化　(D) 统计分析
答案：(　　)
21. (　　)是指把信息在适当的时间、以标准的格式送给适当的人，这与在第一时间、第一地点采集信息同样重要。
(A) 信息控制　(B) 信息发送　(C) 信息更新　(D) 信息分析
答案：(　　)
22. 在沟通计划书中做的项目利益相关者分析是(　　)的较好出发点，项目经理和项目经理部成员必须确定何时、何地、谁收到什么信息，以及信息发送的最佳方式。
(A) 信息控制　(B) 信息分析　(C) 信息更新　(D) 信息发送
答案：(　　)
23. 使用(　　)发送信息是指把项目信息输入计算机，做成电子文档的形式，按访问权限的要求提供给有权限、有需要的人使用。

(A) 计算机网络　　(B) 密码系统

(C) 信息更新系统　　(D) 文件发送设备

答案：(　　)

24. 在信息系统工程项目实施过程中，(　　)可以使用正式的书面报告，也可以使用非正式的口头沟通的方式。为了保证信息发送的准确和成功，这两种沟通方式经常要一起使用。

(A) 信息归档　　(B) 信息系统　　(C) 发送信息　　(D) 文件发送

答案：(　　)

25. (　　)方式的主要优点是通过当面交谈能够及时找到问题的关键症结所在，及时进行答复或解决处理。其缺点主要是无法归档，难以用做以后解决双方争执的依据。

(A) 信息归档　　(B) 发送信息　　(C) 书面沟通　　(D) 口头沟通

答案：(　　)

26. (　　)方式的优点是书面文字材料可以归档，以利于今后查询，这一点在以后双方发生争执时就显得特别重要。

(A) 信息归档　　(B) 发送信息　　(C) 书面沟通　　(D) 口头沟通

答案：(　　)

27. 口头沟通有助于在团队成员与项目利益相关者之间建立较强的联系。大多数项目沟通都是通过非正式口头沟通方式完成的，大约只有不足(　　)的沟通是使用书面文字的正式沟通方式。

(A) 8%　　(B) 10%　　(C) 15%　　(D) 20%

答案：(　　)

28. 在工程项目实施过程中，通常需要进行大量的协调工作，因而口头沟通方式是最常用的发送信息的方式。例如，召开简短而频繁的(　　)就是一个好办法

(A) 碰头会　　(B) 工程例会　　(C) 班组会　　(D) 质量检查会

答案：(　　)

29. 编写项目(　　)的主要目的是对项目的状况或进度进行评价，以使项目利益相关者能及时了解为了达到项目的目标是如何使用资源的，项目的进展情况如何等。

(A) 质量日记　　(B) 会议纪要　　(C) 规划　　(D) 绩效报告

答案：(　　)

30. 编写项目绩效报告的工具和方法包括(　　)，趋势分析，通用图表等。

(A) 白盒测试　　(B) 黑盒测试　　(C) 挣值分析　　(D) 统计分析

答案：(　　)

31. 项目绩效报告的内容包括状态报告，(　　)，项目预测报告，状态评审会议，项目管理收尾。

(A) 测试报告　　(B) 进度报告　　(C) 挣值分析　　(D) 统计分析

答案：(　　)

32. 项目(　　)描述项目当前的进展情况，介绍项目在某一特定时间点上所处的位置，即从达到范围、进度和成本目标的角度上说明项目所处的状态。

(A) 状态报告　　(B) 进度报告　　(C) 测试报告　　(D) 统计报告

答案：(　　)

33. 项目状态报告根据项目利益相关者的需要有不同的格式，其内容包括已经花费多少资金，完成某项任务要多长时间，工作是否如期完成等。编写状态报告要用到项目(　　)的详细资料。

(A) 状态报告　(B) 进度报告　(C) 预测报告　(D) 挣值分析

答案：(　　)

34. 项目(　　)描述项目团队已经完成的工作进度。

(A) 状态报告　(B) 进度报告　(C) 预测报告　(D) 统计报告

答案：(　　)

35. 项目(　　)预测项目未来的进展情况，即在过去资料和发展趋势的基础上，预测项目未来的状态和进度，其包括根据当前事情的进度情况，预计完成项目还要多长时间，完成项目需要多少资金等。

(A) 状态报告　(B) 进度报告　(C) 预测报告　(D) 统计报告

答案：(　　)

36. 项目(　　)是项目实施过程中常用的一种评估项目绩效的好办法。它能突出一些重要项目文件提供的信息，促使项目经理部成员对他们自己的工作负责，以及对重要问题进行面对面的沟通讨论。

(A) 状态评审会议　(B) 质量会议　(C) 预测报告　(D) 统计报告

答案：(　　)

37. 在一般情况下，导致项目沟通不畅的问题主要是在于(　　)与组织体制。

(A) 上级领导　(B) 组织观念　(C) 组织架构　(D) 个人观念

答案：(　　)

38. 项目(　　)是指有效沟通应建立在平等、公正、公平的基础上，尤其是领导对所有的下属员工应一视同仁。

(A) 上下沟通　(B) 组织沟通　(C) 等距离沟通　(D) 观念沟通

答案：(　　)

39. 在一个团队内，(　　)必须变为双向的沟通，才能形成有效的沟通。

(A) 上下沟通　(B) 单向的沟通　(C) 等距离沟通　(D) 观念沟通

答案：(　　)

40. 提高项目沟通效率最有效的方法是明确沟通管道和方向，这与团队内部部门职能及(　　)的清晰与否有关。

(A) 员工职责　(B) 沟通时机　(C) 等距离沟通　(D) 观念沟通

答案：(　　)

41. 沟通技能水平不高的人大致可分为三类：(　　)，能力平平而纪律性很好的人，能力平平且纪律性很差的人。

(A) 纪律性很好的人　(B) 纪律性很差的人

(C) 技术能力强的人　(D) 技术能力差的人

答案：(　　)

42. 为了改善内部成员之间的沟通，组织对于(　　)，要以信任和放权为沟通的基础，激发其责任感，促使其在责任感的驱使下改善沟通。

（A）纪律性很好的人　　（B）纪律性很差的人
（C）技术能力差的人　　（D）技术能力强的人
答案：(　　)

43. 为了改善内部成员之间的沟通，组织对于能力平平而(　　)，应主动指导，尤其是针对其薄弱之处，多作鼓励，适当批评，让其发现自身优缺点而主动沟通。
（A）纪律性很好的人　　（B）纪律性很差的人
（C）技术能力差的人　　（D）技术能力强的人
答案：(　　)

44. 为了改善内部成员之间的沟通，组织对于能力平平且(　　)，要给予一定的肯定及期许性的鼓励。通常荣誉往往比惩罚更能培养一个人的责任感，只要增强了员工的责任感，沟通往往会水到渠成。
（A）纪律性很好的人　　（B）纪律性很差的人
（C）技术能力差的人　　（D）技术能力强的人
答案：(　　)

45. 为了确保在组织内部以及与外部信息的快速流动，必须重视沟通(　　)的建设，包括沟通工具、技术和原则。
（A）流动性　（B）纪律性　（C）基础设施　（D）技术能力
答案：(　　)

46. 在项目团队沟通中，言谈是最直接、最重要和最常见的一种途径，有效的言谈沟通很大程度上取决于(　　)。
（A）关系好坏　（B）相互理解　（C）语言表达　（D）倾听
答案：(　　)

47. 在信息系统工程项目实施过程中，有效的言谈沟通很重要。实践表明：总是很好的(　　)的员工，工作更出色、成绩更突出。
（A）倾听者　（B）关系　（C）语言表达　（D）纪律性
答案：(　　)

48. 影响倾听效率的主要因素包括环境干扰，信息质量低下，倾听者(　　)等。
（A）和表达者关系　（B）沟通渠道　（C）表达能力　（D）主观毛病
答案：(　　)

49. 在信息系统工程项目实施过程中，有效的言谈沟通很重要。在倾听的过程中，如果人们不能集中自己的注意力，真实地接受信息，主动地进行理解，就会产生倾听障碍，造成(　　)。
（A）关系破裂　（B）信息失真　（C）表达错误　（D）主观毛病
答案：(　　)

50. 环境因素对人的听觉和心理活动有重要的影响，环境中的声音、气味、光线以及色彩、布局，都会影响人的(　　)。布局杂乱、声音嘈杂的环境将会导致信息接收的缺损。
（A）表达错误　（B）信息失真和变形　（C）注意力与感知　（D）主观毛病
答案：(　　)

51. 交谈双方在试图说服、影响对方时，有时会有一些过激的言辞、过度的抱怨，甚至出现对抗性的态度。信息发出者受(　　)的影响，很难发出有效的信息，从而影响了倾听的效率。

(A) 自身情绪　(B) 信息失真　(C) 注意力　(D) 身体毛病

答案：(　　)

52. 在沟通的过程中，造成沟通效率低下的最大原因在于倾听者本身。研究表明，信息的失真主要在理解和传播阶段，归根到底主要责任还是在于倾听者的(　　)。

(A) 自身情绪　(B) 信息失真　(C) 表达错误　(D) 主观毛病

答案：(　　)

53. 在项目团队成员的背景多样化时，倾听者的最大障碍往往在于自己对信息传播者的(　　)，造成无法获得准确信息。

(A) 情绪　(B) 偏见　(C) 表达错误　(D) 主观毛病

答案：(　　)

54. (　　)在行为学中被称为"首因效应"。它是指在进行社会知觉的过程中，对象最先给人留下的印象会对以后的社会知觉发生重大影响。

(A) 个人情绪　(B) 观念　(C) 先入为主　(D) 自我中心

答案：(　　)

55. (　　)是指人习惯于关注自我，总认为自己才是对的。在倾听过程中，过于注意自己的观点，喜欢听与自己观点一致的意见，对不同的意见置若罔闻，往往错过了聆听他人观点的机会。

(A) 个人情绪　(B) 观念　(C) 先入为主　(D) 自我中心

答案：(　　)

56. 提高(　　)的技巧包括创造有利的倾听环境，在同一时间内既讲话又倾听，尽量把讲话的时间缩到最短，摆出有兴趣的样子，观察对方，关注中心问题，以平和的心态倾听，注意克服自己的偏见等。

(A) 倾听能力　(B) 个人观念　(C) 表达能力　(D) 逻辑思维

答案：(　　)

57. 提高(　　)的技巧包括抑制争论的念头，保持耐性，让对方讲述完整，不要臆测，不宜过早作出判断，要做笔记，不要自我中心，鼓励交流双方互为倾听者等。

(A) 个人观念　(B) 倾听能力　(C) 表达能力　(D) 逻辑思维

答案：(　　)

58. 人们的技术技能主要是通过不断地学习(培训、自学、交流、实践)获得提高的。人们的(　　)也像技术技能一样，能通过不断地学习得到提高。

(A) 集体观念　(B) 倾听能力　(C) 表达能力　(D) 沟通技能

答案：(　　)

59. 在现实生活中，大多数技术专业人员是因其技术技能而得以进入信息系统工程这个领域的，不过，多数人发现(　　)才是提升职位的关键。

(A) 集体观念　(B) 倾听能力　(C) 沟通技能　(D) 表达能力

答案：(　　)

60. 组织召开有效的会议是项目经理最重要的工作，开会的指导方针包括终止不必开的会议，会议目的要明确，确定参加会议的人员名单，会前向与会者提供议程，做好会务准备工作，(　　)要突出。

(A) 会议主题　(B) 倾听渠道　(C) 沟通设施　(D) 表达方式

答案：(　　)

61. 召开会议的原则是(　　)的会议，不要开；小会能解决的问题，不要开大会；短会能解决的问题，不要开长会。

(A) 没有会场　(B) 有倾听渠道　(C) 可开　(D) 可开可不开

答案：(　　)

62. 每次开会之前，一定要明确会议的(　　)、议程和目的，并事先使出席会议的每个人都能十分清楚会议的议题和目的，以便做好讨论发言的准备。

(A) 信息反馈　(B) 议题　(C) 会议流程　(D) 人员目标

答案：(　　)

63. 会议议程是会议组织者拟定的(　　)，实质上是会议组织者对会议内容作出的计划安排表。会议召开前给每个准备出席的与会者发会议议程表很重要。

(A) 信息反馈　(B) 议题　(C) 会议流程　(D) 人员目标

答案：(　　)

64. 当受到邀请出席会议的人会前知道了(　　)以后，可以根据会议议程作出席会议的准备工作，如看报告、翻资料，收集必要的信息，准备发言稿等。与会者有准备而来，则会议会有效得多。

(A) 会议议程　(B) 议题　(C) 信息反馈　(D) 人员目标

答案：(　　)

65. 会议主持人要协调好会议关系，把握住会议议程，掌握好时间进程，控制整个会议局面气氛，特别要突出(　　)，要以尽量短的时间，达成共识，解决问题。

(A) 会议议程　(B) 领导关系　(C) 信息反馈　(D) 会议主题

答案：(　　)

66. 通过召开(　　)、生动有趣、气氛热烈的专题会议，适当地使用幽默、小礼品或奖励好主意等方式来保持会议参加者的积极参与，有助于与各方面建立起业务关系。

(A) 规模大　(B) 主题突出　(C) 规模小　(D) 议题全面

答案：(　　)

67. 沟通必须(　　)，只有从心开始，进行心灵与情感的沟通，才能真正有效地进行沟通。

(A) 系统全面　(B) 面面俱到　(C) 以人为本　(D) 体贴周到

答案：(　　)

68. (　　)是个人追求的一种生活境界。它表现为个人的理想、愿望以及对未来生活的一种期盼。

(A) 个人目标　(B) 项目目标　(C) 以人为本　(D) 理想主义

答案：(　　)

69. 人们一般存在三类心理目标，与生存有关的目标简称为(　　)；与社会交往有关的目标简称为关系目标；与自我发展有关的目标简称为发展目标。

(A) 个人目标　(B) 环境目标　(C) 人生目标　(D) 生存目标

答案：(　　)

70. 任何事物当风险高时，矛盾冲突就不可避免。当潜在的矛盾冲突爆发时，良好的沟通显得特别重要。(　　)可减少干扰，有助于消除障碍、处理好冲突。
(A) 项目环境　(B) 有效的沟通　(C) 人生大目标　(D) 邻里关系
答案：(　　)

71. 冲突的含义相当广泛。项目上的冲突可以解释为两个或两个以上的人或组织在某个争端问题上的相互干扰、意见不合或争执。冲突可以分为(　　)，文化冲突，角色冲突，心理冲突等。
(A) 生存环境冲突　(B) 言语冲突　(C) 利益冲突　(D) 肢体冲突
答案：(　　)

72. 利益冲突是指组织内外部的个人之间、组织与个人之间、组织之间以及组织或个人与其所在的自然和经济环境之间，在其赖以生存的(　　)处于不公平情况下产生的冲突。
(A) 环境空间　(B) 言语文字　(C) 思想观念　(D) 资源分配
答案：(　　)

73. (　　)是指组织内外部的个人之间、组织与个人之间、组织之间以及组织或个人与其所在的社会环境之间在文化、思想、信仰和观念等各方面不一致、不和谐而产生的冲突。
(A) 文化冲突　(B) 言语冲突　(C) 角色冲突　(D) 心理冲突
答案：(　　)

74. (　　)是指自然系统、机械系统或人的组织系统与构成系统的组成单元或部件的相互关系或功能不和谐、不相容等产生的冲突。其原因在于组成系统的结构和各部件的功能具有排他性，引起碰撞。
(A) 文化冲突　(B) 言语冲突　(C) 角色冲突　(D) 心理冲突
答案：(　　)

75. (　　)是指个人或组织的逻辑思维对环境的认识、评价和判断产生矛盾的结果，导致其精神状况不和谐、不稳定。心理冲突可能导致行为选择的风险。
(A) 文化冲突　(B) 言语冲突　(C) 角色冲突　(D) 心理冲突
答案：(　　)

76. (　　)需要使冲突的各方在做资源的分配上由不公平重新达到公平状态才能解决。
(A) 文化冲突　(B) 利益冲突　(C) 心理冲突　(D) 角色冲突
答案：(　　)

77. (　　)需要各方在不同的文化环境中达到沟通、相互接受和融合才能解决。
(A) 文化冲突　(B) 利益冲突　(C) 心理冲突　(D) 角色冲突
答案：(　　)

78. (　　)需要冲突各方在不同的文化环境中达到结构与功能的整体优化方能解决。
(A) 文化冲突　(B) 利益冲突　(C) 心理冲突　(D) 角色冲突
答案：(　　)

79. (　　)需要个体或组织在精神和心理上得到调整，达到新的平衡。
(A) 文化冲突　(B) 利益冲突　(C) 心理冲突　(D) 角色冲突
答案：(　　)

80. 解决冲突可以采用的方法有协商、让步、缓和、强制和退出等；使项目的相关方了解项目计划，明确项目目标；搞好变更管理；(　　)；对抗的方式，如进行诉讼或提交仲裁。
(A) 领导裁决　(B) 武装冲突　(C) 集体罢工　(D) 游行示威
答案：(　　)

81. 解决冲突问题的过程分为静态和动态两种。通过某种途径和有效的解决方案一次性地解决冲突问题的情形，称为(　　)冲突问题；若需要持续多次采用解决方法，称为动态解决冲突问题。
(A) 一次性解决　(B) 静态解决　(C) 集体解决　(D) 个别解决
答案：(　　)

82. 在利益冲突中，(　　)是指第三方依照法律或合同赋予的权力对处于冲突境界的个体或组织之间的利益分配和资源分享的不公平状态进行识别、分析、评价和判断，采用调节和理顺的方法，使利益分配和资源分享趋于新的公平和稳定状态。
(A) 一次性解决　(B) 静态解决　(C) 动态解决　(D) 协调
答案：(　　)

83. 协商又称为(　　)。它是指通过会议或讨论的方式使某种事件得到公平解决，或达成某一协定。
(A) 一次性解决　(B) 和平解决　(C) 谈判　(D) 协调
答案：(　　)

84. (　　)是对处于冲突境界中的双方或多方通过信息沟通和协商，使其利益分配或资源分享达到新的公平(或平衡)状态，从而使冲突问题得到解决。
(A) 协调　(B) 和平解决　(C) 谈判　(D) 平衡
答案：(　　)

85. (　　)作为第三方对发包人与承包人在合同履行过程中产生的差异进行协调，以使合同的差异不断缩小，对损失方给予利益补偿，使发包人与承包人的交易尽量达到公平和新的平衡。
(A) 仲裁机构　(B) 政府　(C) 裁判　(D) 监理
答案：(　　)

86. 处于冲突当中的发包人与承包人之间的利益冲突很少可以通过自我调理得到解决，因为发包人与承包人是利益相关但方向相反的一对冲突体。通常，只能通过第三方，即(　　)协调的方法解决。
(A) 仲裁机构　(B) 监理　(C) 裁判　(D) 主管部门
答案：(　　)

87. 监理单位是发包人委托并授权的、在工程项目实施现场唯一的全过程管理者。它代表发包人，根据监理合同及有关的法律、法规授予的权力，对整个工程项目的实施过程进行(　　)。
(A) 仲裁　(B) 约束　(C) 监督管理　(D) 平衡管理
答案：(　　)

88. 信息系统工程组织协调工作的原则是坚持项目利益第一，全局利益第一。方便他人，也方便自己。加强与项目参与各单位的联系，通过各方充分(　　)，最终使各方达成一致。

(A) 协调与理解　(B) 约束与反约束　(C) 监督与管理　(D) 平衡管理

答案：(　　)

89. 项目经理要及时掌握工程建设的(　　)、实施流程、工序衔接，以及与其他系统实施工期、工序、实施安排、人员关系，从而顺利地协调各工种之间、各系统之间、各单位之间的干扰与矛盾。

(A) 质量约束　(B) 成本核算　(C) 监督管理　(D) 进度

答案：(　　)

90. 由于工程项目实施过程涉及的单位较多，将整个工程项目作为一个系统来看，项目组织协调的对象可以分为(　　)的协调和系统外部的协调两大部分。

(A) 系统环境　(B) 系统内部　(C) 非合同因素　(D) 系统宏观

答案：(　　)

91. 工程项目系统外部的协调可以分为具有合同因素的协调和(　　)的协调。

(A) 人际关系　(B) 系统环境　(C) 非合同因素　(D) 系统宏观

答案：(　　)

92. 系统内部协调是指一个项目内部各种关系的协调，主要包括系统内部(　　)、组织关系和需求关系的协调。

(A) 人际关系　(B) 系统环境　(C) 非合同因素　(D) 系统宏观

答案：(　　)

93. 任何(　　)最终都表现为人与人之间的往来，而良好的人际关系可以使双方相互信赖、相互支持，容易沟通，同时人际关系的渗透和扩散性能更好地提高工作的效率。

(A) 规划设计　(B) 方案设计　(C) 合同因素　(D) 协调工作

答案：(　　)

94. 系统内部(　　)协调的作用是使项目经理部所有成员都能从整个项目的总目标出发，积极主动地完成本职工作，消除误会，服从并适应全局的需要，使整个项目处于有序的良性状态。

(A) 人际关系　(B) 组织关系　(C) 需求关系　(D) 合同因素

答案：(　　)

95. 系统内部(　　)的协调是指在工程项目实施过程中，对人员、材料、设备和软件的需求，以及能源动力需求等进行及时的协调，以达到内部需求的平衡，实现内部资源的一种合理配置。

(A) 人际关系　(B) 组织关系　(C) 需求关系　(D) 合同因素

答案：(　　)

96. 系统外部关系中(　　)的协调，主要是协调发包人与承包人的关系。

(A) 非合同因素　(B) 组织关系　(C) 需求关系　(D) 合同因素

答案：(　　)

97. 工程项目系统外部关系中(　　)协调的范围很广，可能遇到的问题比合同因素协调更多，协调工作量更大、更复杂，而且大多数都不是事先签好合同可以进行约束的，而常常是事先难以预料的。

(A) 非合同因素　(B) 组织关系　(C) 需求关系　(D) 合同因素

答案：( )

98. 通常解决项目矛盾冲突的方法有五个基本模式：( )，妥协，圆滑，强制和撤退。
(A) 协商 (B) 面对 (C) 关系 (D) 协议
答案：( )

99. ( )是解决项目矛盾冲突的基本模式之一，其作法是直接面对冲突，本着解决问题的态度，寻找解决问题的方法，允许受到矛盾冲突影响的各方一起沟通，以消除他们之间的分歧。
(A) 圆滑 (B) 强制 (C) 妥协 (D) 面对
答案：( )

100. ( )是解决项目矛盾冲突的基本模式之一，其作法是利用妥协的方法解决冲突，摊开问题、讲清道理、讨价还价、各让一步，寻求解决方法，使冲突各方都能满意。
(A) 圆滑 (B) 强制 (C) 妥协 (D) 面对
答案：( )

101. ( )是解决项目矛盾冲突的基本模式之一，其作法是不再强调各方分歧点采取避开矛盾的方法，主要强调各方一致的目标、共同点，以及团结的重要。
(A) 圆滑 (B) 强制 (C) 妥协 (D) 面对
答案：( )

102. ( )是解决项目矛盾冲突的基本模式之一，其作法是采用非输即赢的方法来解决冲突，即通过牺牲别人的观点来推行自己的观点，具有竞争和独裁管理风格的项目经理喜欢这种模式。
(A) 圆滑 (B) 强制 (C) 妥协 (D) 面对
答案：( )

103. ( )是解决项目矛盾冲突的基本模式之一，其作法是从大局出发，抓大放小，单方面妥协让步。
(A) 圆滑 (B) 强制 (C) 妥协 (D) 撤退
答案：( )

104. 项目( )定期定时举行，旨在检查、督促合同各方，特别是承包人对工程项目承包合同的执行情况，协调各方关系，促进工程项目的顺利进行。
(A) 现场协调会 (B) 专题会 (C) 工程例会 (D) 研讨会
答案：( )

105. 工程项目( )不定期举行，由监理主持，会议对近期项目实施活动进行证实、协调和落实，彼此交换意见，交流信息，对发现的实施质量问题及时予以纠正，以促使各方保持良好的关系。
(A) 现场协调会 (B) 专题会 (C) 工程例会 (D) 研讨会
答案：( )

参考答案：

1. D 2. B 3. A 4. C 5. B 6. D 7. A 8. C 9. B 10. D
11. A 12. C 13. B 14. D 15. A 16. D 17. C 18. B 19. A 20. C
21. B 22. D 23. A 24. C 25. D 26. C 27. B 28. A 29. D 30. C

31. B　32. A　33. D　34. B　35. C　36. A　37. D　38. C　39. B　40. A
41. C　42. D　43. A　44. B　45. C　46. D　47. A　48. D　49. B　50. C
51. A　52. D　53. B　54. C　55. D　56. A　57. B　58. D　59. C　60. A
61. D　62. B　63. C　64. A　65. D　66. B　67. C　68. A　69. D　70. B
71. C　72. D　73. A　74. C　75. D　76. B　77. A　78. D　79. C　80. A
81. B　82. D　83. C　84. A　85. D　86. B　87. C　88. A　89. D　90. B
91. C　92. A　93. D　94. B　95. C　96. D　97. A　98. B　99. D　100. C
101. A　102. B　103. D　104. C　105. A

二、问答题

1. 什么是沟通？沟通方式的类型有哪些？
2. 什么是项目沟通管理？简述项目沟通管理的重要性、程序和内容。
3. 项目沟通计划的作用、编制方法和内容有哪些？
4. 简述信息发送的方法、沟通渠道数目的计算方法和项目绩效报告的内容。
5. 提高沟通技能的措施和方法有哪些？
6. 什么是冲突？冲突的解决方法有哪些？
7. 什么是协调？监理的协调作用体现在哪些方面？
8. 简述信息系统工程组织协调的原则、内容和措施。

第 13 章 信息系统工程项目采购管理

复习重点

采购是从外部的供应方获取产品和服务的经常性活动。项目采购管理是指为达到项目的目标而从项目组织的外部获取材料、设备和服务所进行的管理过程。它包括采购计划、采购与征购、资源的选择以及合同管理等项目管理工作。项目采购通常按采购对象分类或按采购方式分类。信息系统工程项目大多都要使用外购的产品和服务，其目的是为了降低固定成本和经常性成本，可以使组织和员工把工作重点放在核心业务上，提供经营的灵活性和提高责任心，以及得到技能和技术等。

编制采购计划的方法有自制—采购分析和咨询专家意见等。招标采购阶段的控制内容包括项目招标采购控制、项目非招标采购控制和设备进场开箱控制等。设备安装调试阶段的控制内容包括对设备基础进行检测、进场开箱检查验收、校正设备的位置和安放状态等。为了确保设备系统能够稳定运行，以及满足用户对性价比的要求，必须做详细的系统测试。设备验收程序包含自检、验收申请、初验、试运行、正式验收、设备移交等步骤。设备验收合格，转入设备交接收尾时，要进行设备和相关技术资料的整理移交。

一、选择题

1. (　　)是从外部的供应方获取产品和服务的经常性活动。

(A) 采购　(B) 沟通目的　(C) 沟通基础　(D) 沟通能力

答案：(　　)

2. 项目(　　)是指为达到项目的目标而从项目组织的外部获取材料、设备和服务所进行的管理过程。它包括采购计划、采购与征购、资源的选择以及合同管理等项目管理工作。

(A) 采购　(B) 采购招标　(C) 采购谈判　(D) 采购管理

答案：(　　)

3. 项目采购类型，按采购对象分类有物料采购和(　　)采购两种。

(A) 日常用品　(B) 咨询服务　(C) 非招标　(D) 办公用品

答案：(　　)

4. 项目采购类型，按采购方式分类有招标采购和(　　)采购两种。

(A) 日常用品　(B) 咨询服务　(C) 非招标　(D) 办公用品

答案：(　　)

5. 项目采购管理的内容包括编制项目采购计划、项目采购计划的实施、项目采购合同管理、项目采购(　　)等。

(A) 承包　(B) 咨询服务　(C) 招标　(D) 合同收尾

答案：(　　)

6. 项目采购管理的重要性表现在可以降低固定成本和经常性成本，可以使组织和员工把工作重点放在核心业务上，可以得到技能和技术，提供经营的灵活性，以及(　　)。
(A) 提高责任心　(B) 减少责任　(C) 扩大权利范围　(D) 减少麻烦
答案：(　　)

7. 项目采购管理的主要过程包括编制采购计划、编制询价计划、询价、选择供应商、独立估算、合同谈判、(　　)、合同收尾等。
(A) 选择产品　(B) 合同管理
(C) 产品到货验收　(D) 产品入库保管
答案：(　　)

8. 编制采购计划是一个项目管理过程。它确定项目的哪些需求可以通过采用组织外部的产品或(　　)得到最好的满足。
(A) 选择产品　(B) 内部产品　(C) 服务　(D) 产品库存
答案：(　　)

9. 采购计划应包括的内容有采购(　　)、内容及管理要求、采购信息、检验方式和标准、采购控制目标及措施等。
(A) 可行性　(B) 可能性　(C) 分析　(D) 工作范围
答案：(　　)

10. 编制采购计划的方法主要有自制—采购(　　)和咨询专家意见两种。
(A) 可行性　(B) 可能性　(C) 分析　(D) 工作范围
答案：(　　)

11. 大多数项目采购合同的附件都包括(　　)和货物清单。
(A) 货物运输方式　(B) 合同专用条款
(C) 采购分析　(D) 采购工作范围
答案：(　　)

12. 采购合同专用条款应当足够详细地描述所要求的全部服务和工作内容，应当清楚、简洁而且尽量完整，并包含(　　)。
(A) 绩效报告　(B) 货物运输方式　(C) 维护工作范围　(D) 验收标准
答案：(　　)

13. 采购合同专用条款和货物清单不仅要包含所需货物的名称、品牌、规格、单价、数量，还应写清楚安装调试工作的地点、工期、可交付成果、付款时间及方式、(　　)以及特殊要求等。
(A) 绩效报告　(B) 货物运输方式　(C) 维护工作范围　(D) 验收标准
答案：(　　)

14. 项目采购部门应对(　　)进行有关技术和商务的综合评审。
(A) 绩效报告　(B) 货物运输方式　(C) 采购报价　(D) 验收标准
答案：(　　)

15. 项目采购组织应对特殊产品(特种设备、材料、制造周期长的大型设备、有毒有害产品)的供应单位进行(　　)，并采取有效的措施进行重点监控。
(A) 实地考察　(B) 货物运输审核　(C) 采购报价评审　(D) 验收

答案：(　　)

16. 采购承压产品、有毒有害产品、重要机械设备等特殊产品时，应要求供应商具备(　　)、生产许可证及其他特殊要求的资格。

(A) 生产设备　(B) 安全资质　(C) 生产能力　(D) 运输队

答案：(　　)

17. 采购进口产品应按国家政策和相关法规办理(　　)和商检等手续。

(A) 生产许可证　(B) 护照　(C) 出口退税　(D) 报关

答案：(　　)

18. 采购产品在检验、运输、移交和保管等过程中，应按照职业健康安全和(　　)要求，避免对安全、环境造成影响。

(A) 交通运输　(B) 消防管理　(C) 环境管理　(D) 城市管理

答案：(　　)

19. 项目采购合同条款一般应包括供货内容(型号、数量及技术参数)、价格、采用的标准、验收条件、交货状态、包装要求、交货时间和地点、运输要求、付款方式、经济担保、索赔和(　　)等内容。

(A) 反索赔　(B) 仲裁条款　(C) 环境要求　(D) 约束条件

答案：(　　)

20. 项目(　　)控制内容包括核查供应商的质量保证和供货能力，建立和保存合格供应商的信用档案，以及对采购产品的样本进行验证。

(A) 非招标采购　(B) 招标采购　(C) 产品供应　(D) 设备运输

答案：(　　)

21. 采购的设备进场后，要由发包人、监理、供应商或其代表联合在现场(　　)签证。

(A) 入库存放　(B) 看样品　(C) 讨论协商　(D) 检查验收

答案：(　　)

22. 采购设备现场验收首先要进行外包装是否完好的(　　)，包括外包装有无破损，外包装印刷标牌的内容(商标、产地、型号规格、重量、颜色、生产或出厂日期等)是否符合合同要求。

(A) 样品检测　(B) 抽样检查

(C) 外观检查　(D) 无损探测检查

答案：(　　)

23. 采购设备现场(　　)验收时，要仔细进行设备外观检查，检查有无压痕或破损以及设备标牌，包括设备品牌商标、产地、型号规格、重量、颜色、生产或出厂日期等是否符合采购合同要求。

(A) 开箱检查　(B) 抽样检查

(C) 功能检查　(D) 无损探测检查

答案：(　　)

24. 采购设备现场开箱检查验收时，要清点(　　)，包括零配件数量、产地、型号规格、颜色、生产日期等是否符合合同要求，并要求供应商提供有关检验和试验结果。

(A) 防潮措施　(B) 防压措施

(C) 设备装箱单　(D) 无损探测检查结果

答案：(　　)

25. 采购设备现场开箱检查验收时，要检查设备的数量、品牌、型号规格等是否符合采购合同的规定，是否有质量合格证、生产许可证、保修卡和产地证、安装使用说明书，进口产品的(　　)等。

(A) 防潮措施　(B) 进口报关单

(C) 设备装箱单　(D) 无损探测检查结果

答案：(　　)

26. 设备安装调试的主要工作任务包括对(　　)进行检测、制作需要在工地现场制造的零部件、设备进场开箱检查验收、安装调试设备、项目竣工验收、承包人向建设方移交设备和有关的文档资料。

(A) 防潮性能　(B) 抗压性能　(C) 电气系统　(D) 设备基础

答案：(　　)

27. 影响设备安装调试质量的因素有五个，即(　　)、机具的因素、材料的因素、方法的因素和环境的因素。

(A) 人的因素　(B) 物理因素　(C) 电气因素　(D) 化学因素

答案：(　　)

28. 采购设备质量的事前控制主要是控制设备安装调试的组织工作和生产技术准备工作，承包单位应提交(　　)、实施工具和机械、设备的计量校准检测报告、材料检验报告、设备检验报告。

(A) 设计方案　(B) 测试方案

(C) 施工组织方案　(D) 管理体制方案

答案：(　　)

29. 采购设备质量的事中控制是在设备进行安装和调试过程中进行(　　)，主要是控制系统安装和实施工艺过程的工作质量，必须严格执行设计方案和实施方案，控制每道工序的质量。

(A) 进度控制　(B) 质量控制　(C) 组织控制　(D) 成本控制

答案：(　　)

30. 采购设备质量的事后控制是指单机设备调整试车后的检验或系统进行(　　)调整后的检验，以及整个设备项目的交工验收。

(A) 进度控制　(B) 质量控制　(C) 测试控制　(D) 联动试车

答案：(　　)

31. 评审设备安装调试质量时，要根据设备的特点，划分为若干分部、分项和单位工程，分项工程中又划分为保证项目、基本项目和(　　)，其质量等级均分为“合格”和“优良”两个等级。

(A) 允许偏差项目　(B) 不允许偏差项目　(C) 节能环保项目　(D) 绿色项目

答案：(　　)

32. 评审设备安装调试质量时的(　　)是指确定分项工程主要的性能的项目。

(A) 动态项目　(B) 基本项目

(C) 保证项目　(D) 允许偏差项目

答案：(　　)

33. 评审设备安装调试质量时的(　　)是指保证工程安全和使用性能的基本要求的项目。
(A) 动态项目　　(B) 基本项目
(C) 保证项目　　(D) 允许偏差项目
答案：(　　)

34. 评审设备安装调试质量时的(　　)是指结合对结构性能或使用功能、观感质量等影响程度，根据一般操作水平给出的允许偏差范围的项目。
(A) 动态项目　　(B) 基本项目
(C) 保证项目　　(D) 允许偏差项目
答案：(　　)

35. 评审分项工程设备安装调试质量时，基本项目和允许偏差项目达到合格规定的，分项工程才能评为合格；基本项目和允许偏差项目都达到优良规定的，分项工程才能评为(　　)。
(A) 优良　　(B) 不合格　　(C) 最差　　(D) 合格
答案：(　　)

36. 评审分部工程设备安装调试质量时，所含分项工程质量全部合格，分部工程为合格；所含分项工程质量全部合格，其中(　　)及以上为优良，且主要分项工程为优良，则分部工程可评为优良。
(A) 30%　　(B) 40%　　(C) 50%　　(D) 60%
答案：(　　)

37. 评审单位工程设备安装调试质量时，所含分部工程质量全部合格，观感质量评定得分率达到(　　)及以上，单位工程为合格。
(A) 40%　　(B) 50%　　(C) 60%　　(D) 70%
答案：(　　)

38. 评审单位工程设备安装调试质量时，所含分部工程全部合格，其中有 50% 及以上优良，观感质量的评定得分率达到(　　)及以上，单位工程评为优良。
(A) 85%　　(B) 70%　　(C) 60%　　(D) 50%
答案：(　　)

39. 采购设备安装调试进度的事前控制主要是控制实施前的准备工作，应审查安装单位的实施进度计划，检查安装单位的人员、材料、机具等的准备情况，检查被安装的设备(　　)。
(A) 每道安装工序　　(B) 到货情况　　(C) 供应商　　(D) 库存情况
答案：(　　)

40. 采购设备安装调试进度的事中控制主要是控制(　　)和安装实施节点的进度，发现问题，及时反馈和纠正。
(A) 每道安装工序　　(B) 到货情况　　(C) 供应商　　(D) 库存情况
答案：(　　)

41. 采购设备安装调试进度的事后控制是当实际安装进度与计划进度发生差异时，分析原因，采取措施逐步消除偏差。有时也采用(　　)和制订总工期被突破后的补救措施来实施进度控制。
(A) 增加数量　　(B) 减少数量　　(C) 调整计划　　(D) 调整库存

答案:( )

42. 设备安装调试的( )包括控制设备安装调试的承包费和经费支出，认真履行合同中双方应该承担的义务和责任，科学、严格地进行管理，防止因浪费造成费用的增加。
(A) 事前控制 (B) 质量控制 (C) 进度控制 (D) 成本控制
答案:( )

43. 为了确保设备系统能够稳定运行，必须做详细的( )，包括功能测试、性能测试、验收测试、安装测试。
(A) 模块测试 (B) 系统测试 (C) 网络测试 (D) 软件测试
答案:( )

44. 在设备验收前，要制订验收的工作程序，包括自检、提交验收申请、( )、试运行、正式验收、设备移交等。
(A) 初验 (B) 系统安装 (C) 网络测试 (D) 软件测试
答案:( )

45. 设备系统( )要对其质量作出评价，编写设备试运行总结报告，并确定正式验收日期，进行正式验收。
(A) 网络测试后 (B) 系统安装过程 (C) 试运行结束后 (D) 软件测试中
答案:( )

参考答案:

1. A 2. D 3. B 4. C 5. D 6. A 7. B 8. C 9. D 10. C
11. B 12. A 13. D 14. C 15. A 16. B 17. D 18. C 19. B 20. A
21. D 22. C 23. A 24. C 25. B 26. D 27. A 28. C 29. B 30. D
31. A 32. C 33. B 34. D 35. A 36. C 37. D 38. A 39. B 40. A
41. C 42. D 43. B 44. A 45. C

二、问答题

1. 什么是采购、项目采购管理？项目采购管理的程序有哪些步骤？
2. 项目采购的类型有哪几种？
3. 简述项目采购管理的内容。
4. 简述项目采购管理的重要性和项目采购管理的过程。
5. 采购计划包括的内容有哪些？
6. 项目采购控制的要求有哪些？
7. 简述采购管理各个阶段的控制内容。

第 14 章　信息系统工程项目知识产权保护管理

复习重点

知识产权是国家法律赋予智力创造主体，并保证其创造的知识财产和相关权益不受侵犯的专有民事权利。它是人们知识财产和精神财富在法律上的体现。知识产权可以分为著作权和工业产权两类。著作权是指作者对其创作的作品享有的人身权和财产权。人身权包括发表权、署名权、修改权和保护作品完整权等；财产权包括作品的使用权和获得报酬权。工业产权包括专利、实用新型、工业品外观设计、商标、服务标记、厂商名称、产地标记或原产地名称、制止不正当竞争等九项内容。知识产权的特征有客体的无形性，属性的单一性和双重性、法定性、专有性、地域性、时间性等。《中华人民共和国著作权法》的第二条规定，中国公民、法人或其他组织的作品，不论是否发表，依法享有著作权；第三条规定将计算机软件、工程设计图、产品设计图、示意图等纳入作品的范畴。《计算机软件保护条例》规定，受保护的软件必须由开发者独立开发，并已固定在某种有形物体上。计算机软件著作权的内容包括计算机软件的著作人身权和计算机软件的著作财产权。知识产权侵权损害赔偿范围包括对产权人精神权益的损害赔偿和对财产权益损失的赔偿。

一、选择题

1. 知识(　　)的问题在一般的建设工程中显得不很突出，但在信息系统工程项目中则不同，是一个相当突出的重要问题。

(A) 爆炸　(B) 环境　(C) 产权保护　(D) 就是力量

答案：(　　)

2. 知识产权可以分为著作权和(　　)两类。

(A) 工业产权　(B) 知识产权　(C) 受教育权　(D) 知识权

答案：(　　)

3. (　　)是指作者对其创作的作品享有的人身权和财产权。

(A) 工业产权　(B) 知识产权　(C) 知识权　(D) 著作权

答案：(　　)

4. 著作权中包含人身权和财产权两项权利。其中，人身权包括(　　)、署名权、修改权和保护作品完整权等；财产权包括作品的使用权和获得报酬权。

(A) 工业产权　(B) 发表权　(C) 知识权　(D) 写作权

答案：(　　)

5. 工业产权包括专利、实用新型、工业品外观设计、商标、服务标记、厂商名称、产地标记或原产地名称、(　　)等九项内容。

(A) 制止不正当竞争　(B) 祖传秘方　(C) 知识来源　(D) 发明灵感

答案：(　　)

6. 知识产权是国家法律赋予(　　)，并保证其创造的知识财产和相关权益不受侵犯的一种专有民事权利。它是人们知识财产和精神财富在法律上的体现。

(A) 劳动创造主体　(B) 智力传播主体　(C) 智力创造主体　(D) 智力教育主体

答案：(　　)

7. 人类的(　　)是一切艺术成果和发明成果的源泉，这些成果是人们美好生活的保证。国家的职责就是要坚持不懈地保护艺术和发明，这样才能够保护生产力，稳定社会关系，促进社会的发展。

(A) 劳动　(B) 智力传播　(C) 教育事业　(D) 聪明才智

答案：(　　)

8. 计算机软件和集成电路布图设计被我国和大多数国家列为作品，成为(　　)的客体内容。

(A) 工业产权　(B) 发表权　(C) 著作权　(D) 写作权

答案：(　　)

9. 在内容的选取和编排上有独创性的(　　)，被许多国家视为编辑作品，受著作权法保护。

(A) 数据库　(B) 计算机网络　(C) 创作灵感　(D) 聪明才智

答案：(　　)

10. 有少数智力成果可以同时成为著作权和工业产权这两类知识产权保护的客体。例如，计算机软件和实用艺术品受著作权保护的同时，权利人还可以通过申请发明专利和外观设计专利，获得(　　)，成为工业产权保护的内容。

(A) 继承权　(B) 专利权　(C) 创作权　(D) 居住权

答案：(　　)

11. 知识产权的特征有客体的无形性、属性的(　　)和双重性、法定性、专有性、地域性、时间性等。

(A) 灵感性　(B) 专一性　(C) 敏感性　(D) 单一性

答案：(　　)

12. 知识产权客体的(　　)是指其客体是无形的脑力劳动创作性成果，与有形的财产不同。它是一种可以脱离其所有者而存在的无形信息，可以同时为多个主体所使用，可以通过计算机网络传送。

(A) 双重属性　(B) 名誉权属性　(C) 无形性　(D) 法定性

答案：(　　)

13. 知识产权的属性大致可以分为两类：人身权和财产权。大多数知识产权具有单一的属性。例如，发现权只具有(　　)，不具有财产权属性；商业秘密只具有财产权属性，不具有人身权属性。

(A) 双重属性　(B) 名誉权属性　(C) 无形性　(D) 法定性

答案：(　　)

14. 某些知识产权具有人身权和财产权(　　)，这主要是指著作权。其财产权属性主要体现在获得报酬的权利。其人身权属性主要是指决定作品是否公之于众的权利，包括署名权、修改权、发行权等。

(A) 双重属性　(B) 名誉权属性　(C) 无形性　(D) 法定性

答案：(　　)

15. 知识产权(　　)是指知识产权的确立、享有要依靠立法，法律赋予自然人、法人和其他组织的知识产权，这些民事主体才能享有。同时，知识产权只有依法办理手续，才能由主管国家机关授予。

(A) 双重属性　(B) 名誉权属性　(C) 无形性　(D) 法定性

答案：(　　)

16. 知识产权(　　)是指由于智力成果具有可以同时被多个主体所使用的特点，因此大多数的知识产权是法律授予的一种独占权，具有专有性和排他性，未经其权利人许可，任何单位或个人不得使用。

(A) 时间性　(B) 专有性　(C) 地域性　(D) 多主体性

答案：(　　)

17. 知识产权具有严格的(　　)特点，即各国主管机关依照本国法律授予的知识产权，只能在本国领域内受法律保护。例如，中国专利局授予的专利权，只在中国领域内受保护，其他国家则不给予保护。

(A) 时间性　(B) 专有性　(C) 地域性　(D) 多主体性

答案：(　　)

18. 我国加入了保护文学艺术作品伯尔尼公约和(　　)等国际公约，需要履行这些国际公约规定的义务，保护这些公约成员国的作品。

(A) 环境保护公约　(B) 引渡条约

(C) 世界专利保护公约　(D) 世界版权公约

答案：(　　)

19. 知识产权(　　)是指知识产权都有法定的保护期限，一旦保护期限届满，权利即自行终止，成为社会公众可以自由使用的知识。

(A) 时间性　(B) 专有性　(C) 地域性　(D) 多主体性

答案：(　　)

20. 我国发明(　　)为 20 年，实用新型专利权和外观设计专利权的期限为 10 年，公民的作品著作权的保护期为作者终生及其死亡后 50 年。期限届满后，发明和作品即成为社会公共财产。

(A) 文字作品保护　(B) 商标权的保护期限

(C) 专利的保护期　(D) 享有著作权

答案：(　　)

21. 我国(　　)为自核准注册之日起 10 年，但可以在期限届满前 6 个月内申请续展注册，每次续展注册的有效期为 10 年，续展的次数不限。

(A) 文字作品保护　(B) 商标权的保护期限

(C) 专利的保护期　(D) 享有著作权

答案：(　　)

22. 在国际上，以伯尔尼国际公约关于将计算机软件作为(　　)的规定，已经成为了世界各国计算机软件法律保护的基本趋势。

(A) 文字作品保护　(B) 商标权的保护期限

（C）专利的保护期　　（D）享有著作权

答案：（　　）

23.《中华人民共和国著作权法》的第二条规定，中国公民、法人或者其他组织的作品，不论是否发表，依照本法（　　）；第三条规定，将计算机软件、工程设计图、产品设计图、示意图等纳入作品的范畴。

（A）文字作品保护　　（B）商标权的保护期限

（C）专利的保护期　　（D）享有著作权

答案：（　　）

24. 我国《计算机软件保护条例》明确规定，保护计算机软件著作权的范围是指计算机程序及其（　　），而不延及开发软件所用的思想、处理过程、操作方法或数学概念等。

（A）代码化指令序列　　（B）有关文档

（C）软件著作权　　（D）文字资料和图表

答案：（　　）

25. 根据《计算机软件保护条例》第三条第一款的规定，计算机程序是指为了得到某种结果而可以由计算机等具有信息处理能力的装置执行的（　　）。

（A）代码化指令序列　　（B）有关文档

（C）软件著作权　　（D）文字资料和图表

答案：（　　）

26. 根据《计算机软件保护条例》第三条第二款的规定，文档是指用来描述程序的内容、组成、设计、功能规格、开发情况、测试结果及使用方法的（　　）等。

（A）代码化指令序列　　（B）有关文档

（C）软件著作权　　（D）文字资料和图表

答案：（　　）

27. 计算机软件著作权的主体是指参加（　　）法律关系享有权利和承担义务的人。根据《中华人民共和国著作权法》和《计算机软件保护条例》的规定，计算机软件著作权的主体包括公民、法人和其他组织。

（A）代码化指令序列　　（B）有关文档

（C）软件著作权　　（D）文字资料和图表

答案：（　　）

28. 公民取得软件（　　）的途径有公民自行独立开发软件；订立委托合同，委托他人开发软件，并约定软件著作权归自己享有；通过转让的途径。

（A）著作权主体资格　　（B）有形物体

（C）发表权　　（D）创作物质条件

答案：（　　）

29. 法人取得计算机软件著作权主体资格的途径有由法人组织并提供（　　）所进行的开发，代表法人意志，由法人承担责任的；通过接受委托、转让等各种有效合同关系而取得著作权主体资格；因计算机软件著作权主体发生变更而成为著作权主体。

（A）著作权主体资格　（B）有形物体　（C）发表权　（D）创作物质条件

答案：（　　）

30.《计算机软件保护条例》规定受保护的软件必须由开发者独立开发，并已固定在某种

(　　)上。

(A) 著作权主体资格　　(B) 有形物体

(C) 发表权　　(D) 创作物质条件

答案:(　)

31.《计算机软件保护条例》第九条的规定，软件著作权人享有(　　)和开发者身份权，这两项权利与著作权人的人身不可分离。其中开发者的身份权，不随软件开发者的消亡而丧失，且无时间限制。

(A) 著作权主体资格　　(B) 有形物体

(C) 发表权　　(D) 创作物质条件

答案:(　)

32.《计算机软件保护条例》第九条规定，计算机软件著作权人享有(　　)，包括使用权、报酬权、转让权。

(A) 转让权　　(B) 报酬权　　(C) 使用权　　(D) 财产权

答案:(　)

33. 计算机软件著作权人享有的(　　)是指著作权人在不损害社会公共利益的前提下，以复制、展示、修改、发行、翻译、注释等方式使用软件的权利。

(A) 转让权　　(B) 报酬权　　(C) 使用权　　(D) 财产权

答案:(　)

34. 计算机软件著作权人享有的(　　)是指使用许可权和获得报酬的权利，即许可著作权人以使用软件的权利和由此而获得报酬的权利。

(A) 转让权　　(B) 报酬权　　(C) 使用权　　(D) 财产权

答案:(　)

35. 计算机软件著作权人享有的(　　)是指著作权人向他人转让软件使用权和使用许可权的权利。

(A) 转让权　　(B) 报酬权　　(C) 使用权　　(D) 财产权

答案:(　)

36. 根据《计算机软件保护条例》第三十条的规定，凡是行为人主观上具有故意或过失对著作权法和计算机软件保护条例保护的软件(　　)和财产权实施侵害行为的，都构成计算机软件的侵权行为。

(A) 侵权行为　　(B) 独立完成　　(C) 人身权　　(D) 向公众发行

答案:(　)

37. 计算机软件(　　)包括未经软件著作权人的同意而发表其软件作品，将他人开发的软件当做自己的作品发表，未经合作者的同意将与他人合作开发的软件当做自己独立完成的作品发表。

(A) 侵权行为　　(B) 独立完成　　(C) 人身权　　(D) 向公众发行

答案:(　)

38. 计算机软件侵权行为包括在他人开发的软件上署名或者涂改他人开发的软件上的署名；未经软件著作权人或其合法受让者同意，修改、翻译、注释其软件；未经合作者的同意将与他人合作开发的软件当做自己(　　)的作品发表。

(A) 侵权行为　　(B) 独立完成　　(C) 人身权　　(D) 向公众发行

答案：(　　)

39. 计算机软件侵权行为包括未经软件著作权人或其合法受让者同意，复制或部分复制其软件；未经软件著作权人及其合法受让者同意，(　　)、展示其软件复制品。
(A) 侵权行为　(B) 独立完成　(C) 人身权　(D) 向公众发行
答案：(　　)

40. 知识产权侵权行为侵害的对象是知识产权保护体现的创造性智力成果的(　　)和精神利益。
(A) 财产损失　(B) 直接损失　(C) 知识财产　(D) 精神权益
答案：(　　)

41. 知识产权侵权损害赔偿的性质首先是对受害人(　　)和精神损害的一种补偿，同时也是对侵权人不法行为的一种法律制裁。
(A) 财产损失　(B) 直接损失　(C) 知识财产　(D) 精神权益
答案：(　　)

42. 知识产权侵权损害赔偿的范围，应当包括对产权人(　　)的损害赔偿和对财产权益损失的赔偿。侵权行为造成权利人现有财产的减少或丧失，以及可得利益的减少或丧失。
(A) 财产损失　(B) 直接损失　(C) 知识财产　(D) 精神权益
答案：(　　)

43. 知识产权侵权损害赔偿的范围包括权利人的(　　)和间接损失两类。
(A) 财产损失　(B) 直接损失　(C) 知识财产　(D) 精神权益
答案：(　　)

44. 知识产权损害的(　　)有对侵权直接造成的知识产权使用费等收益减少或丧失的损失，因调查、制止和消除不法侵权行为而支出的合理费用，因侵犯知识产权人的精神权益造成的财产损失。
(A) 间接损失　(B) 精神权益　(C) 直接损失　(D) 商誉损失
答案：(　　)

45. 知识产权损害的(　　)是指知识产权处于生产、经营、转让等增值状态过程中的预期可得利益的减少或丧失的损失。
(A) 间接损失　(B) 精神权益　(C) 直接损失　(D) 商誉损失
答案：(　　)

46. 知识产权人(　　)的赔偿主要指对知识产权的精神损害的赔偿。其赔偿范围仅限于对受害人人身精神权益的精神损害赔偿，不包括因侵害知识产权人身精神权益而遭受的财产损失。
(A) 间接损失　(B) 精神权益　(C) 直接损失　(D) 商誉损失
答案：(　　)

47. 因侵权造成的(　　)，在侵害法人名誉权、姓名权等涉及不正当竞争的案件中，应当属于直接损失，在其他一些知识产权侵权案件中又可能成为间接损失。
(A) 间接损失　(B) 精神权益　(C) 直接损失　(D) 商誉损失
答案：(　　)

48. 根据民法和知识产权法律的规定和司法实践的需要，知识产权(　　)的计算方法有全部赔偿、法定标准赔偿、法官斟酌裁量赔偿。

(A) 侵权损害赔偿　(B) 全部赔偿　(C) 审判庭有关赔偿 (D) 法定标准赔偿

答案：(　　)

49. 知识产权侵权损害(　　)是指侵权人要承担侵权行为所造成损害的财产损失的全部责任。也就是说，侵权行为所造成的损失应当全部赔偿，赔偿应以侵权行为所造成的损失为限。

(A) 侵权损害赔偿　(B) 全部赔偿　(C) 审判庭有关赔偿 (D) 法定标准赔偿

答案：(　　)

50. 知识产权侵权损害(　　)是法院根据侵权行为的类型，规定出赔偿的数额。这种赔偿方法适用于侵权行为的损害后果不易确定的情况。

(A) 侵权损害赔偿　(B) 全部赔偿　(C) 审判庭有关赔偿 (D) 法定标准赔偿

答案：(　　)

51. 最高人民法院知识产权(　　)额的规定：如无法查清实际损失或营利数额的，侵犯他人图书、美术作品、摄影作品著作权的，赔偿额为 5000 ~ 200000 元。

(A) 侵权损害赔偿　(B) 全部赔偿　(C) 审判庭有关赔偿 (D) 法定标准赔偿

答案：(　　)

52. 最高人民法院知识产权审判庭有关赔偿额的规定：如无法查清实际损失或营利数额的，侵犯他人音像制品著作权的，赔偿额为 1 万 ~ (　　)。

(A) 10 万元　(B) 20 万元　(C) 30 万元　(D) 40 万元

答案：(　　)

53. 最高人民法院知识产权审判庭有关赔偿额的规定：如无法查清实际损失或营利数额的，侵犯他人计算机软件著作权的，赔偿额为 1 万 ~ (　　)。

(A) 10 万元　(B) 20 万元　(C) 30 万元　(D) 40 万元

答案：(　　)

54. 知识产权侵权损害法官(　　)是指智力创作成果损害结果的不易确定性以及案情的复杂多样，使得对知识产权的损害赔偿不可能简单化一，而应当给予法官在法律规定范围内一定的裁量权。

(A) 斟酌裁量赔偿　(B) 全部赔偿　(C) 审判庭有关赔偿 (D) 侵权损害赔偿

答案：(　　)

55. 著作权(　　)范围应当包括侵权行为所造成的直接损失和间接损失，如商业信誉损失，必要用于诉讼的费用等。

(A) 斟酌裁量赔偿　(B) 全部赔偿　(C) 审判庭有关赔偿 (D) 侵权损害赔偿

答案：(　　)

参考答案：

1. C　2. A　3. D　4. B　5. A　6. C　7. D　8. C　9. A　10. B
11. D　12. C　13. B　14. A　15. D　16. B　17. C　18. D　19. A　20. C
21. B　22. A　23. D　24. B　25. A　26. D　27. C　28. A　29. D　30. B
31. C　32. D　33. C　34. B　35. A　36. C　37. A　38. B　39. D　40. C
41. A　42. D　43. B　44. C　45. A　46. B　47. D　48. A　49. B　50. D
51. C　52. B　53. C　54. A　55. D

二、问答题

1. 什么是知识产权？它是如何分类的？
2. 知识产权的特征有哪些？
3. 保护计算机软件著作权的范围和主体有哪些？
4. 计算机软件受《中华人民共和国著作权法》保护的条件有哪些？
5. 简述计算机软件著作权的内容及对侵权行为的认定。
6. 简述知识产权损害赔偿的范围和计算方法。

第 15 章　信息系统工程项目信息系统安全管理

复习重点

信息技术是信息系统工程项目的基础和关键技术。由于计算机网络的开放性、互连性等特征，致使网络易受黑客、病毒和其他计算机犯罪行为的攻击，而信息化程度越高就越容易受到攻击，所造成的损失就越大。信息系统安全的特性包括安全的整体性、安全的社会性、安全的相对性、安全的代价和安全的动态性等。信息系统工程项目信息系统安全风险是由多种因素引起的，与网络结构和系统的应用、服务器的可靠性等因素密切相关。在信息系统工程项目实施过程中，首先要了解和明确信息系统安全管理所包含的主要内容、目标和设计原则，要弄清楚信息系统受到的威胁及其脆弱性，以便能注意到系统的这些弱点和它存在的特殊性问题。信息系统安全体系结构的内容包括物理安全管理、网络结构安全管理、网络安全控制、安全审计与监控、反病毒技术、数据备份、数据加密技术、数字签名、身份认证技术和建立完善安全管理制度等。

一、选择题

1. 由于计算机网络的(　　)、互连性等特征，致使网络易受黑客、病毒和其他计算机犯罪行为的攻击，而信息化程度越高就越容易受到攻击，所造成的损失就越大。

   (A) 动态性　　(B) 随意性　　(C) 封闭性　　(D) 开放性

   答案：(　　)

2. 信息系统安全是指要保障系统中的人、设备、设施、软件、(　　)等要素避免各种偶然的或人为的破坏、攻击，使它们发挥正常，保障系统能安全可靠地工作。

   (A) 数据　　(B) 电子　　(C) 微电子　　(D) 虚拟世界

   答案：(　　)

3. 信息系统安全管理是指为了确保信息系统安全而采取的一系列管理和技术措施。其目的是保障信息系统的硬件不出故障、信息的真实性和完整性、(　　)、信息的保密性、信息的合法使用性。

   (A) 信息的创造性　　(B) 信息的逻辑性　　(C) 信息的可用性　　(D) 信息的虚拟性

   答案：(　　)

4. 信息系统安全的特性包括安全的整体性、安全的社会性、(　　)、安全的代价、安全的动态性。

   (A) 安全的创造性　　(B) 安全的相对性　　(C) 安全的可用性　　(D) 安全的虚拟性

   答案：(　　)

5. 信息系统安全问题不仅仅是技术性的问题，更重要的是管理方面的问题，而且它还与社会道德、法律、行业管理，以及人们的行为模式等紧密地联系在一起。信息系统安全是一个(　　)。

(A) 创造性的概念　(B) 分解的概念　(C) 可能性的概念　(D) 整体的概念

答案:(　　)

6. 信息系统安全是一个(　　)。信息安全无小事,因为整个国家、整个社会所有的人都处在一个大网络(互联网)之中。

(A) 创造性工程　(B) 分体工程　(C) 社会工程　(D) 社区工程

答案:(　　)

7. 信息系统安全是(　　),而不是绝对的,要想通过一劳永逸的办法来使以后的系统永远不受攻击,不出安全问题是办不到的。

(A) 相对的　(B) 分体的　(C) 两面性的　(D) 群体性的

答案:(　　)

8. 信息系统的安全性与系统的性能、成本之间存在着一种相互制约、相互依存、相互矛盾的辩证关系。因此,在进行信息系统安全解决方案设计时,要考虑到(　　)的问题。

(A) 时效性　(B) 安全风险

(C) 一蹴而就　(D) 安全的代价和成本

答案:(　　)

9. 信息系统安全是一个动态的概念,没有一劳永逸的安全,也没有(　　)的安全,需要不断地检查、评估和调整相应的安全策略。

(A) 时效性　(B) 安全风险

(C) 一蹴而就　(D) 安全的代价和成本

答案:(　　)

10. 信息系统的安全技术具有很强的(　　)、敏感性、竞争性和对抗性。虽然安全防范技术发展很快,但是病毒、黑客和形形色色的网络犯罪的手段更是花样翻新、防不胜防。

(A) 时效性　(B) 安全风险

(C) 一蹴而就　(D) 安全的代价和成本

答案:(　　)

11. 信息系统(　　)主要有物理安全风险、网络平台的安全风险、系统安全风险、应用系统的安全风险、管理的安全风险、黑客攻击、通用网关接口(CGI)漏洞、病毒的传播等。

(A) 时效性　(B) 安全风险

(C) 一蹴而就　(D) 安全的代价和成本

答案:(　　)

12. 信息系统(　　)一般是指计算机硬件及外部设备不受物理环境的损坏。

(A) 网络结构的安全　(B) 系统安全

(C) 物理安全　(D) 应用系统的安全

答案:(　　)

13. 信息系统(　　)风险涉及网络拓扑结构、网络路由状况及网络的环境等。没有安全保障的信息资源无法实现自身的价值,作为信息的载体,计算机网络也一样。

(A) 网络结构的安全　(B) 系统安全

(C) 物理安全　　(D) 应用系统的安全

答案：(　　)

14. (　　)是指网络操作系统、网络硬件平台是否可靠且值得信任。实际上，目前世界上所有的操作系统都存在着安全漏洞，这是造成系统安全风险大的主要原因。

(A) 网络结构的安全　　(B) 系统安全

(C) 物理安全　　(D) 应用系统的安全

答案：(　　)

15. (　　)与具体的应用有关。它涉及很多方面，包括应用系统的安全是动态的、不断变化的，应用系统的安全性涉及数据的安全性、完整性、真实性、可用性等。

(A) 网络结构的安全　　(B) 系统安全

(C) 物理安全　　(D) 应用系统的安全

答案：(　　)

16. 管理是网络安全最重要的部分。责权不明、管理混乱、安全管理制度不健全，以及缺乏可操作性等都可能引起信息系统(　　)风险的出现。

(A) 黑客　　(B) 管理安全

(C) 信息系统安全　　(D) 内部不满的员工

答案：(　　)

17. (　　)对信息系统的攻击行动是无时无刻不在进行的。它利用系统和管理上一切可能利用的漏洞，开发欺骗程序，侵入服务器，监听登录会话，窃取他人的账户和口令等。

(A) 黑客　　(B) 管理安全

(C) 信息系统安全　　(D) 内部不满的员工

答案：(　　)

18. (　　)可能会对系统搞恶意破坏。他们最熟悉服务器、小程序、脚本和系统的弱点；他们可能会泄露重要的安全信息、进入数据库删除数据等。

(A) 黑客　　(B) 管理安全

(C) 信息系统安全　　(D) 内部不满的员工

答案：(　　)

19. 为了保护(　　)，计算机网络系统的硬件设备必须定期进行例行性的维护、清理和检修，以确保其正常运作。

(A) 黑客　　(B) 管理安全

(C) 信息系统安全　　(D) 内部不满的员工

答案：(　　)

20. 为了保护信息系统安全，要开发和实施卓有成效的(　　)，尽可能减小信息系统所面临的各种风险。保护好信息系统的各种资源，避免或减少自然或人为的破坏。

(A) 安全策略　　(B) 网络管理策略　　(C) 安全管理措施　　(D) 应急计划

答案：(　　)

21. 为了保护信息系统安全，要准备适当的(　　)，使信息系统中的设备、设施、软件和数据受到破坏和攻击时，能够尽快恢复工作。

(A) 安全策略　　(B) 网络管理策略　　(C) 安全管理措施　　(D) 应急计划

答案：(　　)

22. 为了保护信息系统安全，要制订完备的(　　)，定期检查这些安全措施的实施情况和有效性。

(A) 安全策略　(B) 网络管理策略　(C) 安全管理措施　(D) 应急计划

答案：(　　)

23. 信息系统安全管理要求建立一套完整可行的网络安全与(　　)，将内部网络、公开服务器网络和外网进行有效隔离，避免内网与外网的直接通信。

(A) 安全策略　(B) 网络管理策略　(C) 安全管理措施　(D) 应急计划

答案：(　　)

24. 信息系统安全管理要求有建立和完善安全保障措施，对网上服务请求内容进行控制，加强合法用户的(　　)。

(A) 管理制度　(B) 多重保障　(C) 传输加密技术　(D) 访问认证

答案：(　　)

25. 信息系统安全管理要求包括全面监视对公开服务器的访问；加强安全审计工作；强化系统备份，实现系统快速恢复；采用(　　)；加强网络安全管理；建立机房出入管理制度等。

(A) 管理制度　(B) 多重保障　(C) 传输加密技术　(D) 访问认证

答案：(　　)

26. 信息系统安全方案设计原则包括综合性、整体性原则，需求、风险、代价平衡的原则，一致性原则，易操作性原则，分步实施原则，(　　)原则，可评价性原则。

(A) 管理制度　(B) 多重保障　(C) 传输加密技术　(D) 访问认证

答案：(　　)

27. 信息系统安全方案设计的综合性、整体性原则是指应用系统工程的观点、方法，全面地分析网络安全及其具体保障措施，包括各种(　　)、人员审查及专业技术措施等。

(A) 管理制度　(B) 多重保障　(C) 传输加密技术　(D) 访问认证

答案：(　　)

28. 信息系统安全方案设计的需求、风险、(　　)是指对项目进行系统整体研究，包括任务、性能、结构、成本、可靠性、可维护性等，并对系统面临的威胁及可能承担的风险进行定性与定量相结合的分析，然后制订安全规范和保障措施，确定信息系统的安全策略。

(A) 易操作性原则　(B) 一致性原则

(C) 代价平衡的原则　(D) 分步实施原则

答案：(　　)

29. 信息系统安全方案设计的(　　)主要是指信息系统安全问题应与整个信息系统工程项目的生命期同时存在，制订的安全体系结构必须与系统的安全需求相一致。

(A) 易操作性原则　(B) 一致性原则

(C) 代价平衡的原则　(D) 分步实施原则

答案：(　　)

30. 信息系统安全方案设计的(　　)是指信息系统安全保障措施需要人去完成，如果措施过于复杂，对人的要求过高，本身就降低了安全性。其次，采用的安全保障措施不能影响项目的正常运行。

（A）易操作性原则　　（B）一致性原则

（C）代价平衡的原则　　（D）分步实施原则

答案：（　　）

31. 信息系统安全方案设计的（　　）是指随着信息技术应用规模的扩大及应用的增加，信息系统脆弱性也会不断增加。因此，分步实施既可以满足系统安全的基本需求，又可以节省项目费用开支。

（A）易操作性原则　　（B）一致性原则

（C）代价平衡的原则　　（D）分步实施原则

答案：（　　）

32. 信息系统安全方案设计的（　　）是指要建立一个信息系统安全多重保障体系，各层次保护相互补充，当一层保护被攻破时，其他层保护仍可保障信息系统的安全。

（A）安全体系结构　（B）多重保障原则　（C）物理安全管理　（D）网络结构安全

答案：（　　）

33. 信息系统（　　）的内容包括物理安全管理、网络结构安全管理、网络安全控制、安全审计与监控、反病毒技术、数据备份、数据加密技术、数字签名、身份认证技术等。

（A）安全体系结构　（B）多重保障原则　（C）物理安全管理　（D）网络结构安全

答案：（　　）

34. 计算机（　　）是保护计算机网络设备及其他软、硬件免遭地震、水灾、火灾等天灾，人为操作失误，以及各种计算机犯罪行为导致的破坏过程。它包括环境安全、设备安全、软件安全等。

（A）安全体系结构　（B）多重保障原则　（C）物理安全管理　（D）网络结构安全

答案：（　　）

35. 计算机（　　）是信息系统安全保障体系成功建立的基础。在整个网络结构的安全管理方面，主要考虑网络结构、系统和路由的优化。

（A）安全体系结构　（B）多重保障原则　（C）物理安全管理　（D）网络结构安全

答案：（　　）

36. 网络（　　）的内容包括访问控制、不同网络安全域的隔离及访问控制、网络安全检测。

（A）安全控制　　（B）安全审计

（C）安全域的隔离及访问控制　　（D）安全检测工具

答案：（　　）

37. 不同网络（　　）主要利用虚拟网划分技术来实现对内部子网的物理隔离。通过在交换机上划分虚拟网可以将整个网络划分为几个不同的域，实现内部各个网段之间的物理隔离。

（A）安全控制　　（B）安全审计

（C）安全域的隔离及访问控制　　（D）安全检测工具

答案：（　　）

38. 计算机网络（　　）通常是一个网络安全性评估分析软件，其功能是用实践性的方法扫描分析计算机网络系统，检查报告系统存在的弱点和漏洞，建议补救措施和安全策略。

（A）安全控制　　（B）安全审计

（C）安全域的隔离及访问控制　　（D）安全检测工具

答案：(　　)

39. 信息系统(　　)是记录用户使用计算机网络系统进行所有活动的过程。它是提高安全性的重要工具，包括网管软件、网络监控设备或实时入侵检测设备。

（A）安全控制　　（B）安全审计

（C）安全域的隔离及访问控制　　（D）安全检测工具

答案：(　　)

40. 信息系统(　　)包括预防病毒、检测病毒和消毒三种技术。

（A）清除病毒技术　　（B）预防病毒技术

（C）反病毒技术　　（D）检测病毒技术

答案：(　　)

41. 信息系统(　　)是指通过杀毒软件常驻计算机系统内存，优先获得系统的控制权，监视和判断系统中是否有病毒存在，进而阻止计算机病毒进入计算机系统和对系统进行破坏。

（A）清除病毒技术　（B）预防病毒技术　（C）反病毒技术　　（D）检测病毒技术

答案：(　　)

42. 信息系统(　　)通过对计算机病毒的特征进行判断，如自身校验、关键字、文件长度变化等，扫描并发现计算机病毒的存在、类型和危害，为最终清除病毒打下基础。

（A）清除病毒技术　（B）预防病毒技术　（C）反病毒技术　　（D）检测病毒技术

答案：(　　)

43. 信息系统(　　)是通过对计算机病毒的分析，开发出具有删除病毒程序并恢复原文件的软件。

（A）清除病毒技术　（B）预防病毒技术　（C）反病毒技术　　（D）检测病毒技术

答案：(　　)

44. 计算机(　　)的具体实现方法包括对网络服务器中的文件进行频繁地扫描和监测，在工作站上用防病毒芯片和对网络目录及文件设置访问权限等。

（A）数据备份　　（B）网络反病毒技术　（C）数据冷备份　　（D）灾难恢复

答案：(　　)

45. 数据备份的目的是一旦计算机网络系统受到损坏以后，尽可能快地恢复计算机网络系统的数据和系统信息。它不仅可以在计算机网络系统出现故障时起到保护作用，同时也是系统(　　)的前提。

（A）数据备份　　（B）网络反病毒技术　（C）数据冷备份　　（D）灾难恢复

答案：(　　)

46. (　　)按工作方式分类可以分为冷备份和热备份两种。热备份是指“在线”的备份，即下载备份的数据还在整个计算机系统和网络中。冷备份是指“不在线”的备份，下载的备份存放到安全的存储媒介中。

（A）数据备份　　（B）网络反病毒技术　（C）数据冷备份　　（D）灾难恢复

答案：(　　)

47. 常用的(　　)方式有定期备份，远程磁带库、光盘库备份，远程关键数据 + 磁带备份，远程数据库备份，网络数据镜像，远程镜像磁盘等。

(A) 数据备份　(B) 网络反病毒技术　(C) 数据冷备份　(D) 灾难恢复

答案：(　　)

48. 计算机数据(　　)是指定期使用磁带设备备份数据，异地存放，并在磁带存放地点配置一套完整的备用计算机设备、网络通信设备、电源设备。一旦发生灾难，就可以启用备份系统恢复终端服务。

(A) 光盘库备份　(B) 远程数据库备份

(C) 远程关键数据 + 磁带备份　(D) 定期备份

答案：(　　)

49. 计算机数据远程磁带库、(　　)是将数据传送到远程备份中心，制作成完整的备份磁带或光盘。一旦发生灾难，则在备份系统与终端用户之间建立通信线路，启用备份系统恢复。

(A) 光盘库备份　(B) 远程数据库备份

(C) 远程关键数据 + 磁带备份　(D) 定期备份

答案：(　　)

50. 计算机数据(　　)是采用磁带方式备份数据，应用机实时向备份机发送关键数据。一旦应用机发生故障，可以在备份机上通过关键数据及备份磁带恢复数据和应用系统运行环境。

(A) 光盘库备份　(B) 远程数据库备份

(C) 远程关键数据 + 磁带备份　(D) 定期备份

答案：(　　)

51. 计算机数据(　　)是在备份机上建立主数据库的一个拷贝，通过通信线路将应用机的数据库日志传到备份机上，使备份数据库与主数据库保持同步。一旦发生灾难，备份数据库则变成主数据库，接替应用机恢复向终端用户服务。

(A) 光盘库备份　(B) 远程数据库备份

(C) 远程关键数据 + 磁带备份　(D) 定期备份

答案：(　　)

52. 计算机网络(　　)是对应用系统的数据库数据和所需跟踪的重要目标文件的更新进行监控与跟踪，并将更新日志通过网络实时传送到备份系统，备份系统则根据日志对磁盘进行更新，以保证应用系统与备份系统的数据同步。

(A) 数据镜像　(B) 数据加密　(C) 远程镜像磁盘　(D) 数字签名

答案：(　　)

53. 计算机(　　)是通过高速光纤通道线路和磁盘控制技术将镜像磁盘延伸到远离应用机的地方，镜像磁盘数据与主磁盘数据完全一致，更新方式为同步或异步。一旦应用磁盘出现故障，备份机即可接替应用机运行，快速恢复终端用户服务。

(A) 数据镜像　(B) 数据加密　(C) 远程镜像磁盘　(D) 数字签名

答案：(　　)

54. (　　)是使信息不可解读的过程，其目的是保护信息，尤其是在传输或储存期间免于未授权查看或使用。加密的依据是一种算法和至少应有一种密钥，即使知道了算法，没有密钥，也无法解读信息。

（A）数据镜像　（B）数据加密　（C）远程镜像磁盘　（D）数字签名

答案：（　）

55. （　）是公开密钥加密技术的应用。它从报文文本中生成一个128位的散列值（或报文摘要），发送方用自己的专用密钥对该散列值进行加密来形成数字签名，并作为报文的附件和报文一起发送给接收方，接收方用发送方的公开密钥对报文附加的数字签名进行解密。

（A）数据镜像　（B）数据加密　（C）远程镜像磁盘　（D）数字签名

答案：（　）

56. （　）是指通信伙伴之间可以使用数字证书来交换公开密钥。它通常包含有唯一标识证书所有者的名称、发布者的名称、证书所有者的公开密钥、证书发布者的数字签名、证书的有效期及证书的序列号等。数字证书能够起到标识通信方的作用。

（A）安全管理制度　（B）身份认证数字证书

（C）身份认证技术　（D）数字签名

答案：（　）

57. （　）管理机构（CA）负责数字证书的颁发和管理。它是通信各方都信赖的机构。在数字证书申请被审批部门批准后，CA通过登记服务器将数字证书发放给申请者。

（A）安全管理制度　（B）身份认证数字证书

（C）身份认证技术　（D）数字签名

答案：（　）

58. 身份认证数字证书管理机构（CA）对含有公钥的证书进行（　），使证书无法伪造，从而为建立身份认证过程的权威性框架奠定了基础，为电子商务交易的参与各方提供了安全保障。

（A）安全管理制度　（B）身份认证数字证书

（C）身份认证技术　（D）数字签名

答案：（　）

59. 面对信息系统安全的脆弱性，必须花大力气加强信息系统（　）的建立，因为诸多的不安全因素恰恰反映在组织管理和人员录用等方面，而这又是信息系统安全所必须考虑的基本问题。

（A）安全管理制度　（B）身份认证数字证书

（C）身份认证技术　（D）数字签名

答案：（　）

60. 建立信息系统（　）的内容包括确定该系统的安全等级、确定安全管理的范围、制订机房出入管理制度、制订严格的操作规程、制订完备的系统维护制度、制订应急预案。

（A）安全管理责任制　（B）机房出入管理制度

（C）安全管理制度　（D）操作规程

答案：（　）

61. 信息系统安全管理要求制订（　），对于安全等级要求较高的系统，要实行分区控制，限制工作人员出入与己无关的区域。

(A) 安全管理责任制　　(B) 机房出入管理制度

(C) 安全管理制度　　(D) 操作规程

答案：(　　)

62. 信息系统安全管理要求制订严格的(　　)，根据职责分离和多人负责的原则，各负其责，不能超越自己的管辖范围。对工作调动和离职人员要及时调整授权。

(A) 安全管理责任制　　(B) 机房出入管理制度

(C) 安全管理制度　　(D) 操作规程

答案：(　　)

参考答案：

1. D	2. A	3. C	4. B	5. D	6. C	7. A	8. D	9. C	10. A
11. B	12. C	13. A	14. B	15. D	16. B	17. A	18. D	19. C	20. A
21. D	22. C	23. B	24. D	25. C	26. B	27. A	28. C	29. B	30. A
31. D	32. B	33. A	34. C	35. D	36. A	37. C	38. D	39. B	40. C
41. B	42. D	43. A	44. B	45. D	46. A	47. C	48. D	49. A	50. C
51. B	52. A	53. C	54. B	55. D	56. C	57. B	58. D	59. A	60. C
61. B	62. D								

二、问答题

1. 什么是信息系统安全？
2. 信息系统安全的特性有哪些？
3. 信息系统工程项目信息系统安全风险是由哪些因素引起的？
4. 简述信息系统安全管理的内容、目标和设计原则。
5. 简述信息系统安全体系结构的内容。

第16章 信息系统工程项目收尾管理

复习重点

信息系统工程项目实施任务结束后，需要对项目的范围进行核实，确保项目计划的工作都得到圆满地完成；需要对项目的可交付成果进行测试和试运行，确保其功能和性能符合用户的要求；需要对项目的可交付成果进行验收，确保项目的责任主体得到完全的移交。另外，还要进行项目文档的整理归档，终止项目合同，总结经验教训，安排项目移交后的培训、质保等活动。项目验收测试的方法可以分为白盒测试和黑盒测试等。黑盒测试也称为功能测试。它是在已知系统所应具有的功能的情况下，通过测试来检测每个功能是否都能正常使用。白盒测试也称为结构测试，允许测试人员对系统内部逻辑结构及有关信息进行设计和选择测试用例，对系统的逻辑路径进行测试。

信息系统工程项目竣工验收后，承包人应在约定的期限内向发包人递交项目竣工结算报告及完整的结算资料，经双方确认并按规定进行竣工结算。并在竣工验收后一个月内，对项目资金的实际使用情况进行决算，以确定工程项目费用目标是否达到。项目交接就是在项目通过竣工验收的基础上，确保项目最终成果交到用户手中时，后者能够正确地使用、维护、改造或扩大，并取得预期的效益。项目交接实际上是生产和管理技术的转让，包括项目实体交接和技术交接两部分。信息系统工程项目收尾工作包括项目回访保修、项目考核评价、项目管理总结、合同收尾、行政收尾等。信息系统工程项目审计是对项目管理工作的全面检查，包括项目的文件记录、管理的方法和程序、财产情况、预算和费用支出情况以及项目工作的完成情况。项目后评价是在项目完成并投入使用运营一段时间后对项目的准备、立项决策、设计实施、生产运营、经济效益和社会效益等方面进行的全面、系统的分析和评价，从而判别项目预期目标的实现程度。

一、选择题

1. 项目收尾阶段是项目实施过程中的最后一个阶段。通常，项目收尾管理是一项既繁琐零碎，又费力、费时的工作。它包括(　　)、结算、决算、项目审计和项目后评价等方面的管理工作。

   (A) 预算　　(B) 竣工验收　　(C) 可行性研究　　(D) 项目汇报

   答案：(　　)

2. 项目收尾管理的主要任务是对项目的(　　)，对可交付成果进行测试、试运行和验收，进行文档整理归档，终止合同，总结经验教训，安排项目移交后的培训、质保等活动。

   (A) 设计进行汇总　　(B) 范围进行规划

   (C) 人员进行培训　　(D) 范围进行核实

   答案：(　　)

3. 项目终止的原因包括自然终止和非自然终止两种情况，其中自然终止的原因是(　　)。
   (A) 已经成功实现了项目目标　(B) 已经不可能实现项目目标
   (C) 项目不再具有实际应用价值　(D) 项目目标已经与组织目标相抵触
   答案：(　)
4. 项目竣工计划应包括竣工项目名称，竣工项目收尾具体内容，竣工项目质量要求，竣工项目进度计划安排，竣工项目(　　)要求等内容。
   (A) 设计汇总　(B) 规划大纲
   (C) 文件档案资料整理　(D) 用户需求调研
   答案：(　)
5. 信息系统工程项目完工后，承包人应自行组织有关人员对项目进行测试检查，自检合格后向(　　)提交工程项目自检报告和竣工验收申请。
   (A) 项目主管单位　(B) 总监理工程师　(C) 发包人　(D) 用户
   答案：(　)
6. 如果项目是非自然终止的，则应查明哪些工作已经完成，完成到什么程度，并将核查结果记录在案，形成文件归档。参加交接的承包人代表、(　　)和发包人接收人员应在有关文件上签字。
   (A) 总监理工程师　(B) 项目主管　(C) 用户　(D) 第三方
   答案：(　)
7. 项目(　　)是判断项目是否符合项目目标的根据。它是工程项目发包人、承包人及监理单位共同遵守的标尺，是衡量项目质量的客观准绳。
   (A) 工艺流程　(B) 规章制度　(C) 用户手册　(D) 验收标准
   答案：(　)
8. 发包人与监理单位协调成立专门的工程项目验收委员会，作为验收的组织机构。委员会成员一般不少于(　　)，人数为单数。其中，设主任1人，委员若干人。
   (A) 3人　(B) 5人　(C) 7人　(D) 9人
   答案：(　)
9. 项目验收委员会由发包人代表、(　　)代表及邀请的技术专家组成员组成。
   (A) 用户　(B) 承包人　(C) 监理单位　(D) 群众
   答案：(　)
10. 工程项目验收委员会主持整个项目的验收工作，包括判定工程项目是否符合承包合同的要求，审定(　　)，审定验收测试计划，组织验收测试和配置审核，进行验收评审，并形成验收报告。
    (A) 用户需求　(B) 承包人组织结构　(C) 监理机构　(D) 验收环境
    答案：(　　)
11. 项目验收委员会的权限包括有权决定(　　)和条件，有权要求发包人、监理单位及承包人对开发过程中的有关问题进行说明，有权决定项目或系统是否通过验收。
    (A) 用户需求　(B) 承包人组织结构　(C) 验收地点　(D) 专家名单
    答案：(　)
12. 项目验收工作的全过程必须详细记录，记录验收过程中验收委员会提出的所有问题与建议，以及发包人、监理单位及承包人的解答和(　　)对项目的评价。

（A）验收委员会　（B）组织　（C）上级主管部门　（D）各方协商

答案：（　）

13. 信息系统工程项目验收可以分为两大的部分：（　）审核和验收测试。

（A）子系统　（B）系统配置　（C）背靠背　（D）面对面

答案：（　）

14. 信息系统工程项目验收一般分为（　）验收和整体验收。

（A）子系统　（B）系统配置　（C）背靠背　（D）面对面

答案：（　）

15. 项目竣工验收前，承包人首先要进行系统的外观检查，完成项目文档的收集整理，然后要进行项目技术性能和工程质量的（　）。

（A）全面检查　（B）日常检查　（C）专业评审　（D）自检自测

答案：（　）

16. 项目竣工验收检测时，（　）主要观察系统设备和各种接口的外观是否完好无损，接头连接是否牢固，特别是网络系统信息端口、各配线区对绞电缆与配线连接硬件交接处应注有清晰、永久性的编号。

（A）整体验收程序　（B）文档的收集整理（C）外观检查　（D）自检自测

答案：（　）

17. 项目（　）工作主要是提供信息系统工程项目招标文件、投标文件、项目范围说明文件、用户需求分析报告、系统技术规格书、系统设计方案和图纸、网络拓扑结构图、信息端口分布图等。

（A）整体验收程序　（B）文档的收集整理（C）外观检查　（D）自检自测

答案：（　）

18. 当承包人完成了工程项目性能质量的（　），并自认为达到了发包人要求时，承包人可向监理和发包人正式提交项目验收方案和项目验收申请。在得到批准认可后，由发包人组织项目验收。

（A）整体验收程序　（B）文档的收集整理（C）外观检查　（D）自检自测

答案：（　）

19. 项目（　）分为初验和复验。初验的目的在于全面检查工程质量，督促承包人按照验收标准尽善尽美地完成后期工作，尽可能地发现工程中存在的问题。

（A）整体验收程序　（B）文档的收集整理（C）外观检查　（D）自检自测

答案：（　）

20. （　）一般在系统试运行期（按合同规定一般为一个月）结束后进行。验收正式开始后，首先进行文档验收，然后按专业分组分头逐项验收，并按验收标准的规定，抽查适当比例的测试数据。

（A）查找错误　（B）项目复验　（C）测试用例　（D）验收测试

答案：（　）

21. 信息系统工程项目（　）是对项目进行性能质量评估的重要的基础性工作，但又是一项颇具难度的工作。一个好的项目测试就其技术难度和工作量而言，都毫不亚于系统开发本身。

（A）查找错误　（B）项目复验　（C）测试用例　（D）验收测试

答案：(　　)

22. 统计资料表明，典型的应用软件开发项目，测试工作量往往占系统开发总工作量的(　　)以上。而在应用软件开发的总成本中，用在测试上的总费用开销要占30% ~50%。

(A) 20%　　(B) 30%　　(C) 40%　　(D) 50%

答案：(　　)

23. 信息系统工程项目验收测试的目的是以较少的(　　)、时间和人力找出项目中潜在的各种错误和缺陷，以确保项目的质量。测试的目的是为了证明系统有错，而不是证明系统无错误。

(A) 查找错误　　(B) 项目复验　　(C) 测试用例　　(D) 验收测试

答案：(　　)

24. 项目验收测试的目的主要是以(　　)为中心，而不是为了演示系统的正确功能。

(A) 查找错误　　(B) 项目复验　　(C) 测试用例　　(D) 验收测试

答案：(　　)

25. 每个项目都有一个(　　)，超过这个测试量后，测试费用将急剧上升以致难以承受。通常是 20% 的测试量能发现 80% 的缺陷，但剩下 20% 的缺陷却需要 80% 的测试量。

(A) 确认的过程　　(B) 回归测试

(C) 用户的使用立场　　(D) 最佳的测试量

答案：(　　)

26. 信息系统工程项目验收测试工作包括测试计划、测试环境、测试模型的制作应该尽可能贴近用户，或者站在(　　)上来观测系统，这样才能发现更多的问题。

(A) 确认的过程　　(B) 回归测试

(C) 用户的使用立场　　(D) 最佳的测试量

答案：(　　)

27. 对工程项目的测试结果要有一个(　　)。一般由 A 测试出来的错误，要由 B 来重复检测确认，严重的错误可以召开评审会进行讨论和分析。

(A) 确认的过程　　(B) 回归测试

(C) 用户的使用立场　　(D) 最佳的测试量

答案：(　　)

28. 对信息系统工程项目(　　)的关联性一定要引起充分的注意，修改一个错误而引起更多错误的现象并不少见。

(A) 确认的过程　　(B) 回归测试

(C) 用户的使用立场　　(D) 最佳的测试量

答案：(　　)

29. 信息系统工程项目验收测试要识别和特别关注少数重要的方面，而忽略(　　)，有时候少数的错误可能就是致命的问题，这些问题将是项目测试结果中重要性最高的错误。

(A) 已完成子系统　　(B) 少数次要的方面

(C) 多数次要的方面　　(D) 多数重要的方面

答案：(　　)

30. 信息系统工程项目具体的验收测试任务通常包括安装测试、启动与关机测试、(　　)、性能测试、压力测试、配置测试、平台测试、安全性测试、恢复测试、可靠性测试等。

(A) 测试计划　(B) 功能测试　(C) 黑盒测试　(D) 白盒测试

答案:(　)

31. 信息系统工程项目作验收测试之前必须要有(　)、方案、内容和步骤。如果条件允许,应该建立系统测试实验室,测试过程中要记录测试的结果,并将测试发现的问题分类。

(A) 测试计划　(B) 功能测试　(C) 黑盒测试　(D) 白盒测试

答案:(　)

32. 工程项目验收测试的基本类型有(　)和黑盒测试等。

(A) 测试计划　(B) 功能测试　(C) 黑盒测试　(D) 白盒测试

答案:(　)

33. (　)也称功能测试。它是在已知系统所应具有的功能的情况下,通过测试来检测每个功能是否都能正常使用。在测试时完全不考虑内部结构和内部特性的情况下,针对系统界面和功能进行测试。

(A) 测试计划　(B) 功能测试　(C) 黑盒测试　(D) 白盒测试

答案:(　)

34. 黑盒测试是一种(　)方法,测试时只有把所有可能的输入都作为测试情况使用,才能以这种方法查出系统中所有的错误,即实际上测试情况有无穷多个。

(A) 系统确认测试　(B) 穷举输入测试　(C) 结构测试　(D) 白盒测试

答案:(　)

35. 黑盒测试方法主要用于(　)。黑盒测试用例设计包括等价类划分,边界值分析,错误推测法,因果图,功能图 FD。

(A) 系统确认测试　(B) 穷举输入测试　(C) 结构测试　(D) 白盒测试

答案:(　)

36. 白盒测试也称为(　),允许测试人员对系统内部逻辑结构及有关信息来设计和选择测试用例,对系统的逻辑路径进行测试。测试用例设计的好坏直接决定了测试的效果和结果。

(A) 系统确认测试　(B) 穷举输入测试　(C) 结构测试　(D) 白盒测试

答案:(　)

37. (　)是知道系统内部工作过程,可以通过测试来检测系统内部动作是否按照规格说明书的规定正常进行,系统内部的结构测试系统中的每条通路是否都能按预定要求正确工作,而不必顾及其功能。

(A) 系统确认测试　(B) 穷举输入测试　(C) 结构测试　(D) 白盒测试

答案:(　)

38. 白盒测试是在全面了解系统(　)的情况下,对所有逻辑路径进行测试的方法。它是一种穷举路径测试方法,测试者必须检查系统的内部结构,从检查系统的逻辑着手,得出测试数据。

(A) 内部逻辑结构　(B) 用例设计

(C) 独立路径数　(D) 基本路径覆盖

答案:(　)

39. 白盒测试主要用于系统验证。白盒测试(　　)的逻辑覆盖包括语句覆盖，判定覆盖，条件覆盖，判定—条件覆盖，条件组合测试五种类型。

(A) 内部逻辑结构　　(B) 用例设计

(C) 独立路径数　　(D) 基本路径覆盖

答案：(　　)

40. 白盒测试用例设计的(　　)包括系统的控制流图，系统环境复杂性，导出测试用例，准备测试用例，图形矩阵五个方面。

(A) 内部逻辑结构　　(B) 用例设计

(C) 独立路径数　　(D) 基本路径覆盖

答案：(　　)

41. 白盒测试的主要缺点是测试工作量大，且不能检查出系统中所有的错误。贯穿系统的(　　)是个天文数字，即使每条路径都测试了仍然可能有错误。

(A) 内部逻辑结构　　(B) 用例设计

(C) 独立路径数　　(D) 基本路径覆盖

答案：(　　)

42. 人们常以为开发一个系统是困难的，测试一个系统则比较容易。这其实是一种误解。(　　)是一项细致并需要高度技巧的工作，稍有不慎就会顾此失彼，发生不应有的疏漏。

(A) 过度测试　　(B) 设计测试用例　　(C) 穷举测试　　(D) 彻底的测试

答案：(　　)

43. 不论是黑盒测试方法还是白盒测试方法，由于系统测试情况数量巨大，都不可能进行(　　)。

(A) 过度测试　　(B) 设计测试用例　　(C) 穷举测试　　(D) 彻底的测试

答案：(　　)

44. 在信息系统工程项目的实际测试中，(　　)工作量太大，实践上行不通，这就注定了一切实际测试都是不彻底的，当然就不能够保证被测试系统中不存在遗留的错误。

(A) 过度测试　　(B) 设计测试用例　　(C) 穷举测试　　(D) 彻底的测试

答案：(　　)

45. 掌握好测试量是至关重要的。测试不足意味着让用户承担隐藏错误带来的危险，(　　)则会浪费许多宝贵的资源。

(A) 过度测试　　(B) 设计测试用例　　(C) 穷举测试　　(D) 彻底的测试

答案：(　　)

46. 决定信息系统工程项目需要做多少次测试的主要影响因素有经济性原则，系统的目的和用途，潜在的用户数量，(　　)，系统集成的水平。

(A) 目的和用途　　(B) 经济性原则　　(C) 潜在用户数量　　(D) 信息的价值

答案：(　　)

47. 为了降低验收测试成本，信息系统工程项目选择测试用例时应注意遵守(　　)：要根据系统的重要性确定它的测试等级；使用尽可能少的测试用例，发现尽可能多的系统错误。

(A) 目的和用途　　(B) 经济性原则　　(C) 潜在用户数量　　(D) 信息的价值

答案：(　　)

48. 系统的(　　)方面的差别在很大程度上影响了所需要进行的测试的数量，因为那些可能产生严重后果的系统必须要进行更多的测试。

(A) 目的和用途　(B) 经济性原则　(C) 潜在用户数量　(D) 信息的价值

答案：(　　)

49. 系统的(　　)也是考虑系统测试重要性的一个主要因素。这主要是由于用户在社会和经济方面的影响程度所决定的。

(A) 目的和用途　(B) 经济性原则　(C) 潜在用户数量　(D) 信息的价值

答案：(　　)

50. 在考虑系统测试的重要性时，需要将系统中所包含的信息的价值考虑在内，要从(　　)和经济方面考虑，投入与社会影响和经济价值相对应的时间和财力去进行测试。

(A) 系统接口　(B) 社会影响

(C) 集成的水平　(D) 产品质量检查

答案：(　　)

51. 系统(　　)是指一个缺少经验、开发水平低的系统集成商很有可能拼凑出一个充满错误的系统，而由一个建立了严格标准和有很多经验的系统集成商中开发出来的系统，错误则要少得多。对于具有不同开发经验和水平的系统集成商来说，测试的重要性、花费的时间和费用也就截然不同。

(A) 系统接口　(B) 社会影响

(C) 集成的水平　(D) 产品质量检查

答案：(　　)

52. 信息系统工程项目验收的主要内容有(　　)，工程实施及质量控制，系统检测，分部(子分部)工程竣工验收。

(A) 系统接口　(B) 社会影响

(C) 集成的水平　(D) 产品质量检查

答案：(　　)

53. 项目验收所涉及的产品应包括信息系统工程各子系统中使用的材料、硬件设备、软件产品和工程中应用的各种(　　)。

(A) 系统接口　(B) 社会影响

(C) 集成的水平　(D) 产品质量检查

答案：(　　)

54. 项目验收由承包人编制的应用软件时，除了要进行功能测试和系统测试外，还应根据需要进行容量、可靠性、安全性、可恢复性、兼容性、自诊断等多项功能测试，并保证软件的(　　)。

(A) 系统自检　(B) 安装调试说明　(C) 可维护性　(D) 完备性

答案：(　　)

55. 项目验收由承包人编制的应用软件时，要求承包人提供完整的文档，包括软件资料、程序结构说明、(　　)、使用和维护说明书等。

(A) 系统自检　(B) 安装调试说明　(C) 可维护性　(D) 完备性

答案：(　　)

56. 项目验收检查工程实施及质量控制时，应检查与前期工程的交接和工程实施条件准备，进场设备和材料的验收、隐蔽工程检查验收和过程检查、工程安装质量检查、(　　)和试运行等。
(A) 系统自检　(B) 安装调试说明　(C) 可维护性　(D) 完备性
答案：(　　)

57. 项目验收要检查工程设计文件及实施图的(　　)，信息系统工程必须按已审批的实施图设计文件实施；工程中出现的设计变更，应按规范要求详细认真地填写设计变更审核表。
(A) 系统自检　(B) 安装调试说明　(C) 可维护性　(D) 完备性
答案：(　　)

58. 项目验收进行(　　)的结论分为合格和不合格。其中，主控项目有一项不合格，则系统检测不合格；一般项目有两项或两项以上不合格，则系统检测不合格。
(A) 系统检测　(B) 试运行　(C) 竣工验收　(D) 检测不合格
答案：(　　)

59. 项目验收系统(　　)时应限期整改，然后重新检测，直至检测合格，重新检测时抽检数量应加倍；系统检测合格，但存在不合格项，应对不合格项进行整改，直到整改合格，并提交整改结果报告。
(A) 系统检测　(B) 试运行　(C) 竣工验收　(D) 检测不合格
答案：(　　)

60. 工程项目(　　)的内容包括系统检测合格；运行管理队伍组建完成，管理制度健全；运行管理人员具备独立上岗能力；竣工验收文件资料完整；观感质量验收应符合要求；工程的等级符合设计的等级要求。
(A) 系统检测　(B) 试运行　(C) 竣工验收　(D) 检测不合格
答案：(　　)

61. 工程项目竣工验收结论分为合格和不合格。各系统(　　)规定的各款全部符合要求，说明各系统竣工验收合格，否则为不合格。各系统竣工验收合格，则工程竣工验收合格。
(A) 竣工结算报告　(B) 实际使用情况
(C) 竣工结算依据的资料　(D) 竣工验收内容
答案：(　　)

62. 项目竣工验收后，承包人应在约定的期限内向发包人递交项目(　　)及完整的结算资料，经双方确认并按规定进行竣工结算。
(A) 竣工结算报告　(B) 实际使用情况
(C) 竣工结算依据的资料　(D) 竣工验收内容
答案：(　　)

63. 编制项目(　　)有系统检测合格，竣工图纸和工程变更文件，实施技术核准资料和材料代用核准资料，工程计价文件、工程量清单，双方确认的有关签证和工程索赔资料。
(A) 竣工结算报告　(B) 实际使用情况
(C) 竣工结算依据的资料　(D) 竣工验收内容

答案：(　　)

64. 信息系统工程项目在竣工验收后一个月内，要对项目资金的(　　)进行决算，以确定工程项目费用目标是否达到，成本管理系统是否有效。

(A) 竣工结算报告　　(B) 实际使用情况

(C) 竣工结算依据的资料　　(D) 竣工验收内容

答案：(　　)

65. 信息系统工程项目(　　)由承包人汇总编制，上报监理和发包人审核认可。

(A) 竣工决算　　(B) 竣工决算编制的依据

(C) 竣工决算的程序　　(D) 逐项清仓盘点

答案：(　　)

66. 在编制工程竣工决算之前，要对项目所有的财产和物资，包括各种设备材料等都要(　　)，核实账物，清理所有债权债务，做到工完账清。项目竣工决算必须内容完整、核对准确、真实可靠。

(A) 竣工决算　　(B) 竣工决算编制的依据

(C) 竣工决算的程序　　(D) 逐项清仓盘点

答案：(　　)

67. 项目(　　)有项目计划任务书和有关文件，项目总概算和单项工程概算书，项目设计图纸，合同文件，项目竣工结算书，竣工档案资料，财务决算及批复文件。

(A) 竣工决算　　(B) 竣工决算编制的依据

(C) 竣工决算的程序　　(D) 逐项清仓盘点

答案：(　　)

68. 编制项目(　　)为收集、整理有关项目竣工决算依据，清理项目账务、债务和结算物资，填写项目竣工决算报告，编写项目竣工决算说明书，报上级审查。

(A) 竣工决算　　(B) 竣工决算编制的依据

(C) 竣工决算的程序　　(D) 逐项清仓盘点

答案：(　　)

69. 项目竣工决算的(　　)包括审核项目成本计划的执行情况，审核项目的各种费用支出是否合理，审核工程报废损失和核销损失的真实性，审核各种账目、统计资料是否准确完整等。

(A) 实体交接　　(B) 项目交接　　(C) 技术交接　　(D) 审核内容

答案：(　　)

70. 工程(　　)是在项目通过竣工验收的基础上，确保项目最终成果交到用户手中时，能够正确地使用、维护、改造或扩大，并取得预期的效益。

(A) 实体交接　　(B) 项目交接　　(C) 技术交接　　(D) 审核内容

答案：(　　)

71. 项目交接包括项目实体交接和(　　)两部分。

(A) 实体交接　　(B) 项目交接　　(C) 技术交接　　(D) 审核内容

答案：(　　)

72. 项目(　　)是指项目通过了竣工验收，承包人将项目实体系统，即项目最终成果全部完整地移交给发包人，其中包括所有的软、硬件设备及其集成系统，以及项目实施过程中所有的文档资料。

(A) 实体交接　(B) 项目交接　(C) 技术交接　(D) 审核内容

答案：(　　)

73. 项目(　　)是指项目承包人要通过技术交底、咨询和培训等各种方法，使用户能够熟练掌握项目最终成果的使用、操作和维护技术，并帮助发包人建立相关的组织管理机构和管理制度等。

(A) 技术资料　(B) 技术交接　(C) 资料移交归档　(D) 项目收尾

答案：(　　)

74. (　　)是工程项目管理的一项重要工作，一般在竣工验收时进行，即工程承包人将应当交付给发包人的全部资料移交归档，其中包括程序源代码、过程文档、开发文件的验收审核和移交。

(A) 技术资料　(B) 技术交接　(C) 资料移交归档　(D) 项目收尾

答案：(　　)

75. 资料移交归档包括(　　)和经济资料两部分，不应只重视技术资料而忽视有关的商务材料，这二者在今后的工作中都是不可或缺的。

(A) 技术资料　(B) 技术交接　(C) 资料移交归档　(D) 项目收尾

答案：(　　)

76. 信息系统工程(　　)工作包括项目回访保修，项目考核评价，项目管理总结，合同收尾，行政收尾，中止收尾等。

(A) 技术资料　(B) 技术交接　(C) 资料移交归档　(D) 项目收尾

答案：(　　)

77. 信息系统工程项目通过竣工验收以后就进入(　　)，质保期一般是一年。在质保期内，承包人应制订项目回访和保修制度并纳入质量管理体系。

(A) 回访　(B) 考核评价

(C) 质保期　(D) 回访保修工作计划

答案：(　　)

78. (　　)可以采取电话询问、登门座谈、例行回访等方式。回访应以特殊工程，实施中采用的新技术、新材料、新设备、新工艺等的应用情况为重点。

(A) 回访　(B) 考核评价

(C) 质保期　(D) 回访保修工作计划

答案：(　　)

79. 承包人应编制(　　)，其内容包括主管回访与保修的部门，执行回访保修工作的单位，回访时间及主要内容和方式。

(A) 回访　(B) 考核评价

(C) 质保期　(D) 回访保修工作计划

答案：(　　)

80. 信息系统工程项目通过竣工验收以后，就要进行项目(　　)，即组织分析评价项目的决策、管理和实施，通过经验和教训的总结。

(A) 回访　(B) 考核评价

(C) 质保期　(D) 回访保修工作计划

答案：(　　)

81. 项目(　　)为制订项目考核评价办法，建立项目考核评价组织，确定项目考核评价方案，实施项目考核评价工作，提出项目考核评价报告。

(A) 考核评价的程序　　(B) 总结依据的信息

(C) 总结报告的内容　　(D) 总结报告

答案：(　　)

82. 项目(　　)是项目管理过程中的最后一个重要文件。项目结束时要做好项目管理的总结工作，找出项目和项目管理成功或失败的地方及其产生的原因，研究项目中使用过的值得推广的方法和技术。

(A) 考核评价的程序　　(B) 总结依据的信息

(C) 总结报告的内容　　(D) 总结报告

答案：(　　)

83. 项目(　　)有对项目执行情况的总体评价，项目范围完成情况，项目进度计划执行情况，项目成本计划执行情况，项目交付结果的质量状况，项目人员使用及表现绩效。

(A) 考核评价的程序　　(B) 总结依据的信息

(C) 总结报告的内容　　(D) 总结报告

答案：(　　)

84. 项目管理(　　)有，项目概况，组织机构、管理体系、管理控制程序，各项经济技术指标的完成情况及考核评价，主要经验及问题处理，附件。

(A) 考核评价的程序　　(B) 总结依据的信息

(C) 总结报告的内容　　(D) 总结报告

答案：(　　)

85. (　　)建立在项目通过验收和交接的基础上，其内容是了结合同并结清账目，包括解决所有尚未了结的事项。合同没有全部履行而提前终止是一种特殊的合同收尾。

(A) 中止收尾　　(B) 合同文件进行整理

(C) 行政收尾　　(D) 合同收尾

答案：(　　)

86. 合同收尾最重要的工作是对(　　)、编号、装订，连同项目其他文件一起作为一整套项目文件资料归档。最后，发包人应当向承包人发出本合同已经履行完毕的正式书面通知。

(A) 中止收尾　　(B) 合同文件进行整理

(C) 行政收尾　　(D) 合同收尾

答案：(　　)

87. 项目在交付最终成果或因故中止时，必须做好(　　)工作，包括一系列零碎、繁琐的行政事务性工作，如收集、整理项目文件，发布项目信息，安排会务，后勤管理，归还租赁的设备等。

(A) 中止收尾　　(B) 合同文件进行整理

(C) 行政收尾　　(D) 合同收尾

答案：(　　)

88. (　　)是指在个别情况下，项目可能因违约或其他原因而中止。此时，同样需要做好各种收尾工作，甚至涉及某些合同收尾的法律问题。中止收尾是项目收尾的一个特例。

(A) 中止收尾　　(B) 合同文件进行整理
(C) 行政收尾　　(D) 合同收尾

答案：(　　)

89. (　　)是对项目管理工作的全面检查，包括项目的文件记录、管理的方法和程序、财产情况、预算和费用支出情况以及项目工作的完成情况。

(A) 防止财务经营作弊　　(B) 项目审计
(C) 项目财务活动　　(D) 整体进行审计

答案：(　　)

90. 通常，项目审计是从第三者的角度对(　　)进行的再监督。

(A) 防止财务经营作弊　　(B) 项目审计
(C) 项目财务活动　　(D) 整体进行审计

答案：(　　)

91. 在(　　)、遏制腐败现象滋生、保护国有资产等方面，国家审计机关发挥着不可或缺的巨大作用。

(A) 防止财务经营作弊　　(B) 项目审计
(C) 项目财务活动　　(D) 整体进行审计

答案：(　　)

92. 工程项目审计既可以对拟建、在建或竣工的项目进行审计，也可以对项目的(　　)，还可以对项目的部分进行审计。

(A) 防止财务经营作弊　　(B) 项目审计
(C) 项目财务活动　　(D) 整体进行审计

答案：(　　)

93. 项目(　　)包括可行性研究审计、项目计划审计、项目组织审计、投标审计、项目合同审计。

(A) 实施过程中的审计　　(B) 内部审计
(C) 前期的审计　　(D) 结束审计

答案：(　　)

94. 项目(　　)包括项目组织审计、报表和报告审计、设备材料审计、建设项目收入审计、实施管理审计、合同管理审计等。

(A) 实施过程中的审计　　(B) 内部审计
(C) 前期的审计　　(D) 结束审计

答案：(　　)

95. 项目(　　)包括竣工验收审计、竣工决算审计、经济效益审计、人员业绩评价等。

(A) 实施过程中的审计　　(B) 内部审计
(C) 前期的审计　　(D) 结束审计

答案：(　　)

96. 按照审计主体划分，项目组织自设的审计部门主要是针对项目的财务活动进行监督审核，向本单位的行政首长负责，属于(　　)。

(A) 实施过程中的审计　　(B) 内部审计
(C) 前期的审计　　(D) 结束审计
答案：(　　)

97. 大型工程项目除了内部审计，还要进行(　　)。外部审计分为社会审计和国家审计两类。
(A) 外部审计　　(B) 国家审计　　(C) 经济监督　　(D) 社会审计
答案：(　　)

98. (　　)是由依据一定法律取得审计资格的会计师事务所等社会中介机构，受企业的委托对企业经营活动所进行的带有中介性质的审计活动。
(A) 外部审计　　(B) 国家审计　　(C) 经济监督　　(D) 社会审计
答案：(　　)

99. (　　)是国家审计机关对国务院各部门、地方政府及其各部门的财政收支，对国有股份超过51%以上，或占有控股地位的国有金融机构和企业事业单位的财务收支进行审计监督。
(A) 外部审计　　(B) 国家审计　　(C) 经济监督　　(D) 社会审计
答案：(　　)

100. 项目审计的职能包括(　　)，经济评价，经济鉴定，提出建议等。
(A) 外部审计　　(B) 国家审计　　(C) 经济监督　　(D) 社会审计
答案：(　　)

101. 项目审计的(　　)是把项目的实施情况与其目标、计划和规章制度、各种标准以及法律法令等进行对比，找出不合法规的经济活动，并决定是否应予以禁止。
(A) 提出建议　　(B) 经济评价　　(C) 经济鉴定　　(D) 经济监督
答案：(　　)

102. 项目审计的(　　)是指通过审计和检查，评定项目计划是否科学、可行，项目实施进度是否落后于计划，质量是否能够达到客户的要求，资源利用、控制系统是否有效，机构运行是否合理等。
(A) 提出建议　　(B) 经济评价　　(C) 经济鉴定　　(D) 经济监督
答案：(　　)

103. 项目审计的(　　)是指通过审查项目实施和管理的实际情况，确定相关资料是否符合实际，并作出书面证明。
(A) 提出建议　　(B) 经济评价　　(C) 经济鉴定　　(D) 经济监督
答案：(　　)

104. 项目审计(　　)是指通过对审计结果进行分析，找出改进项目组织、提高工作效率、改善管理方法的途径，帮助项目经理在合法的前提下更合理地利用现有资源，以便顺利实现项目的目标。
(A) 提出建议　　(B) 经济评价　　(C) 经济鉴定　　(D) 经济监督
答案：(　　)

105. 项目(　　)分五个阶段进行：审计准备阶段，审计实施阶段，审计报告阶段，审计处理阶段，项目审计终结。
(A) 审计准备阶段　　(B) 审计过程

（C）审计报告阶段　　（D）审计实施阶段

答案：(　　)

106. 在(　　)，审计机关根据项目审计计划，对被审计单位的审计事项开展审前调查活动，制订审计工作方案，组成审计组，在实施审计三日前，向被审计单位送达审计通知书。

（A）审计准备阶段　　（B）审计过程

（C）审计报告阶段　　（D）审计实施阶段

答案：(　　)

107. 在(　　)，审计人员通过审查会计凭证、会计账簿、会计报表等方式进行审计，并取得审计证明材料。

（A）审计准备阶段　　（B）审计过程

（C）审计报告阶段　　（D）审计实施阶段

答案：(　　)

108. 在(　　)，审计组对审计事项实施审计后，审计报告报送审计机关前，先要征求被审计单位的意见。被审计单位自接到审计报告之日起 10 日内，将其书面意见送交审计组或审计机关。

（A）审计准备阶段　　（B）审计过程

（C）审计报告阶段　　（D）审计实施阶段

答案：(　　)

109. 在审计(　　)，审计机关审定审计报告，对审计事项作出评价，出具审计意见书；对违反国家规定的财政收支、财务收支行为，作出审计决定或向有关主管机关提出处理、处罚意见。

（A）处理阶段　　（B）审计终结过程　　（C）项目后评价　　（D）审计意见书

答案：(　　)

110. 审计机关应当自收到审计报告之日起 30 日内，将(　　)和审计决定送达被审计单位和有关单位。审计决定自送达之日起生效。被审计单位对地方审计机关作出的审计决定不服的，可申请复议。

（A）处理阶段　　（B）审计终结过程　　（C）项目后评价　　（D）审计意见书

答案：(　　)

111. 在(　　)中要将审计的全部文档，包括审计记录以及各种原始材料整理归档，建立审计档案，以备日后考查和研究，提出改进方法。

（A）处理阶段　　（B）审计终结过程　　（C）项目后评价　　（D）审计意见书

答案：(　　)

112. (　　)是在项目完成并投入使用运营一段时间后对项目的准备、立项决策、设计实施、生产运营、经济效益和社会效益等方面进行的全面、系统的分析和评价。

（A）处理阶段　　（B）审计终结过程　　（C）项目后评价　　（D）审计意见书

答案：(　　)

113. 项目后评价的目的主要是从已完成的项目中总结正反两方面的经验教训，提出建议，改进工作，不断提高投资项目决策水平和(　　)。

（A）决策科学化　　（B）投资效果　　（C）分析研究　　（D）评价制度

答案：(　　)

114. 项目后评价的作用主要有五个方面：总结项目管理的经验教训，提高项目管理水平；提高项目(　　)水平；为国家投资计划、投资政策的制订提供依据；为银行部门及时调整信贷政策提供依据；可以对企业经营管理进行诊断，促使项目运营状态的正常化。

(A) 决策科学化　(B) 投资效果　(C) 分析研究　(D) 评价制度

答案：(　　)

115. 项目管理涉及许多部门，只有这些部门密切合作，项目才能顺利完成。项目后评价通过对已建成项目实际情况的(　　)，总结经验，从而提高项目管理水平。

(A) 决策科学化　(B) 投资效果　(C) 分析研究　(D) 评价制度

答案：(　　)

116. 通过建立完善的项目后(　　)和科学的方法体系，可以促使评价人员努力做好可行性研究工作，提高项目预测的准确性，并及时纠正项目决策中存在的问题。

(A) 决策科学化　(B) 投资效果　(C) 分析研究　(D) 评价制度

答案：(　　)

117. 通过项目后评价能够发现(　　)中的不足，使国家可以及时修正某些不适合经济发展的技术经济政策，修订某些已过时的指标参数，合理确定投资规模和投资流向。

(A) 宏观投资管理　(B) 经济效益

(C) 建设资金使用过程　(D) 项目持续性评价

答案：(　　)

118. 通过项目后评价，及时发现项目(　　)中存在的问题，分析贷款项目成功或失败的原因，为银行部门调整信贷政策提供依据。

(A) 宏观投资管理　(B) 经济效益

(C) 建设资金使用过程　(D) 项目持续性评价

答案：(　　)

119. 项目后评价通过比较实际情况和预测情况的偏差，探索偏差产生的原因，提出切实可行的措施，促使项目运营状态的正常化，提高项目的(　　)和社会效益。

(A) 宏观投资管理　(B) 经济效益

(C) 建设资金使用过程　(D) 项目持续性评价

答案：(　　)

120. 项目后评价的主要内容有项目前期工作评价，项目目标评价，项目实施过程评价，项目经济效益评价，项目影响评价，(　　)。

(A) 宏观投资管理　(B) 经济效益

(C) 建设资金使用过程　(D) 项目持续性评价

答案：(　　)

121. 对项目(　　)的后评价主要包括项目立项条件再评价，项目决策程序和方法的再评价，项目勘察设计的再评价，项目前期工作管理的再评价等。

(A) 经济效益评价　(B) 目标的实现程度

(C) 前期工作　(D) 实施过程评价

答案：(　　)

122. 项目(　　)的后评价是指对照原计划的主要指标，检查项目的实际情况，找出变化，分析发生改变的原因，并对项目决策的正确性、合理性和实践性进行再评价。

(A) 经济效益评价　(B) 目标实现程度

(C) 前期工作　(D) 实施过程评价

答案：(　　)

123. 项目的(　　)是指将可行性研究报告中所预计的情况和实际执行情况进行比较分析，找出差别、分析原因。

(A) 经济效益评价　(B) 目标的实现程度

(C) 前期工作　(D) 实施过程评价

答案：(　　)

124. 项目的(　　)是指根据项目投入使用后所产生的收益和运营费用进行财务评价，计算项目的实际经济效益指标，并与前期工作阶段按预测数据进行的经济效益评价相比较，分析其差别和成因。

(A) 经济效益评价　(B) 目标的实现程度

(C) 前期工作　(D) 实施过程评价

答案：(　　)

125. 项目(　　)是指分析评价项目对经济、社会、文化以及自然环境等方面所产生的影响。

(A) 持续性评价　(B) 影响评价　(C) 预测性的评价　(D) 项目后评价

答案：(　　)

126. 项目(　　)是指根据对项目的使用状况、配套设施建设、管理体制、方针政策等外部条件和运行机制、内部管理、运营状况、收费、服务情况等内部条件的分析，评价项目目标的可持续性。

(A) 持续性评价　(B) 影响评价　(C) 预测性的评价　(D) 项目后评价

答案：(　　)

127. (　　)的特点有现实性，全面性，反馈性，合作性等。

(A) 持续性评价　(B) 影响评价　(C) 预测性的评价　(D) 项目后评价

答案：(　　)

128. 项目后评价的现实性特点是指项目后评价以实际情况为基础，依据的数据资料是现实发生的真实数据或根据实际情况重新预测的数据。它与项目前期的可行性研究不同，可行性研究是(　　)。

(A) 持续性评价　(B) 影响评价　(C) 预测性的评价　(D) 项目后评价

答案：(　　)

129. 项目后评价的(　　)特点是指项目后评价的范围很广，要对项目的准备、立项决策、设计实施、生产运营等方面进行全面、系统的分析。

(A) 全面性　(B) 合作性　(C) 步骤　(D) 反馈性

答案：(　　)

130. 项目后评价的(　　)特点是指项目可行性研究用于投资项目的决策。项目后评价的目的在于为有关部门反馈信息，为今后的项目管理工作提供借鉴，不断提高未来投资的决策水平。

(A) 全面性 (B) 合作性 (C) 步骤 (D) 反馈性

答案：( )

131. 项目后评价的( )特点是指项目后评价需要多方面的合作，主管部门要组织计划、财政、审计、银行、设计、质量、司法等有关部门协同进行。

(A) 全面性 (B) 合作性 (C) 步骤 (D) 反馈性

答案：( )

132. 项目后评价的( )包括提出问题，筹划准备，深入调查，收集资料，分析研究，编制项目后评价报告。

(A) 全面性 (B) 合作性 (C) 步骤 (D) 反馈性

答案：( )

133. ( )的方法有资料收集法，市场预测法，分析研究方法等。

(A) 市场预测 (B) 资料收集 (C) 分析研究 (D) 项目后评价

答案：( )

134. ( )是项目后评价的重要内容和手段。常用的资料收集方法有专题调查法、固定程式的意见咨询、非固定程式的采访、实地观察法和抽样法。

(A) 市场预测 (B) 资料收集 (C) 分析研究 (D) 项目后评价

答案：( )

135. 项目后评价的( )法是指项目投入使用后，收集的数据是项目准备、建设、使用运营等过程中的实际数据，通过与前期评价进行对比分析，可对项目运营期间的全过程进行重新预测。

(A) 市场预测 (B) 资料收集 (C) 分析研究 (D) 项目后评价

答案：( )

136. ( )是项目后评价的重要阶段，实际调查和市场预测所得到的各种数据只有经过加工处理并对其进行分析研究，才能发现其中存在的问题。

(A) 市场预测 (B) 资料收集 (C) 分析研究 (D) 项目后评价

答案：( )

137. 项目后评价主要的分析研究方法有指标计算法，指标对比法，因素分析法，( )。

(A) 电话咨询法 (B) 统计分析法 (C) 优选法 (D) 排列组合法

答案：( )

138. 项目后评价的( )是通过反映项目各阶段实际效果的指标计算，来衡量和分析项目建设所取得的实际效果。反映项目实际绩效的指标较多，如项目实际投资的效益成本比、实际内部收益率等。

(A) 指标对比法 (B) 统计分析法 (C) 指标计算法 (D) 因素分析法

答案：( )

139. 项目后评价的( )是指通过将项目实际指标与预测指标或国内外同类项目的相关指标进行对比，发现项目实际存在的问题，提出改进的方法。

(A) 指标对比法 (B) 统计分析法 (C) 指标计算法 (D) 因素分析法

答案：( )

140. 项目后评价的( )是指项目投资效果的各个指标，往往都是由多种因素决定的。因素分析法就是把综合指标分解成原始因素，以便分析造成指标变动的原因。

（A）指标对比法　（B）统计分析法　（C）指标计算法　（D）因素分析法

答案：（　　）

参考答案：

1. B　2. D　3. A　4. C　5. B　6. A　7. D　8. B　9. C　10. D
11. C　12. A　13. B　14. A　15. D　16. C　17. B　18. D　19. A　20. B
21. D　22. B　23. C　24. A　25. D　26. C　27. A　28. B　29. C　30. B
31. A　32. D　33. C　34. B　35. A　36. C　37. D　38. A　39. B　40. D
41. C　42. B　43. D　44. C　45. A　46. D　47. B　48. A　49. C　50. B
51. C　52. D　53. A　54. C　55. B　56. A　57. D　58. A　59. D　60. C
61. D　62. A　63. C　64. B　65. A　66. D　67. B　68. C　69. D　70. B
71. C　72. A　73. B　74. C　75. A　76. D　77. C　78. A　79. D　80. B
81. A　82. D　83. B　84. C　85. D　86. B　87. C　88. A　89. B　90. C
91. A　92. D　93. C　94. A　95. D　96. B　97. A　98. D　99. B　100. C
101. D　102. B　103. C　104. A　105. B　106. A　107. D　108. C　109. A　110. D
111. B　112. C　113. B　114. A　115. C　116. D　117. A　118. C　119. B　120. D
121. C　122. B　123. D　124. A　125. B　126. A　127. D　128. C　129. A　130. D
131. B　132. C　133. D　134. B　135. A　136. C　137. B　138. C　139. A　140. D

二、问答题

1. 什么是信息系统工程项目收尾管理？项目终止的原因有哪些？
2. 信息系统工程项目验收的标准、机构、原则和程序是什么？
3. 信息系统工程项目验收测试的目的、原则和任务有哪些？
4. 项目验收测试的基本类型和影响因素有哪些？
5. 简述信息系统工程项目验收的主要内容。
6. 简述信息系统工程项目竣工结算、决算、交接和收尾工作的内容。
7. 什么是项目审计？项目审计的职能和过程有哪些内容？
8. 什么是项目后评价？
9. 简述信息系统工程项目后评价的作用、内容、特点、步骤和方法。

[illegible]

三、问答题

[illegible]